CEP PARA PROCESSOS CONTÍNUOS E EM BATELADAS

Blucher

ALBERTO WUNDERLER RAMOS

*Professor Assistente Doutor
da Escola Politécnica da Universidade
de São Paulo e da Fundação
Carlos Alberto Vanzolini*

CEP PARA PROCESSOS CONTÍNUOS E EM BATELADAS

CEP para processos contínuos e em bateladas
© 2000 Alberto Wunderler Ramos
1ª edição – 2000
6ª reimpressão – 2016
Editora Edgard Blücher Ltda.

A meu pai, Alberto Ramos y Palomera
(in memoriam)

Blucher

Rua Pedroso Alvarenga, 1245, 4º andar
04531-934 – São Paulo – SP – Brasil
Tel.: 55 11 3078-5366
contato@blucher.com.br
www.blucher.com.br

É proibida a reprodução total ou parcial por quaisquer
meios sem autorização escrita da Editora.

Todos os direitos reservados pela Editora
Edgard Blücher Ltda.

FICHA CATALOGRÁFICA

Ramos, Alberto Wunderler
   CEP para processos contínuos e em bateladas /
Alberto Wunderler Ramos – São Paulo: Blucher, 2000.

   Bibliografia.
   ISBN 978-85-212-0276-9

   1. Controle de processos – Métodos estatísticos
2. Controle de qualidade 3. Engenharia de produção
I. Título.

04-6988   CDD-658.560727

Índices para catálogo sistemático:
1. Controle Estatístico de Processos: Processos contínuos
e em bateladas: Engenharia industrial   658.560727

PREFÁCIO

Esta é a segunda obra de nossa autoria e nela buscamos continuar o trabalho anteriormente iniciado, que é o de auxiliar os que têm sob sua responsabilidade o controle e a melhoria dos processos de manufatura.

Este livro destina-se especificamente aos profissionais em indústrias de processo contínuo ou em bateladas, tal como é o caso da área petroquímica, de celulose e papel, farmacêutica, de plásticos e embalagens, apenas para citar algumas. A literatura existente em nosso país é ainda muito escassa e pouco tem sido escrito sobre o Controle Estatístico de Processo – CEP, técnica tão útil no incremento da produtividade deste segmento econômico.

Admite-se que o leitor já tenha conhecimento de estatística básica para poder melhor usufruir dos ensinamentos aqui contidos. Contudo, caso isto não ocorra, no capítulo 4 são fornecidos os tópicos necessários ao perfeito entendimento do resto do texto.

A obra inicia-se com uma discussão dos conceitos fundamentais de controle de processo para, então, ir pouco a pouco apresentando a aplicação destes a situações práticas. Ao final de cada capítulo existem exercícios de assimilação que facilitam o aprendizado.

Esperamos, assim, estar contribuindo, uma vez mais, para o desenvolvimento e aprimoramento da indústria nacional.

São Paulo, junho de 2000

O Autor

SOBRE O AUTOR

Alberto Wunderler Ramos é Engenheiro, Mestre e Doutor em Engenharia de Produção pela Escola Politécnica da Universidade de São Paulo.

Como especialista em métodos estatísticos aplicados à melhoria da qualidade e produtividade, vem desenvolvendo diversos trabalhos em empresas de renome, ao longo destes anos.

É professor do Departamento de Engenharia de Produção da Escola Politécnica da USP e da Fundação Carlos Alberto Vanzolini. Foi professor da Escola de Administração de Empresas de São Paulo da Fundação Getúlio Vargas e do Instituto de Tecnologia Mauá.

É atualmente diretor da *OPTIMA – Engenharia e Consultoria S/C Ltda.*, empresa dedicada ao aprimoramento contínuo das operações de seus clientes.

e-mail: **optimaec@uol.com.br**

CONTEÚDO

1. Introdução 1

2. Conceitos Básicos 3

    2.1 Processos 3
    2.2 Controle e suas Formas 4
    2.3 Causas de Variação 6
    2.4 Ação Local e Ação no Sistema 7
    2.5 Vantagens na Utilização do CEP 8
    2.6 Pensamento Estatístico e Ferramentas Estatísticas 9

3. Sistemas de Produção 11

    3.1 Tipos de CEP 11
    3.2 Indústria de Processo Contínuo e em Bateladas 12
    3.3 Problemas no Emprego do CEP em Processos Contínuos 13

4. Estatística Básica para o CEP 15

    4.1 Caracterização de Amostras 15
    4.2 Séries Temporais 17
    4.3 Dados Agrupados 17
    4.4 Caracterização da População 19
    4.5 A Distribuição Normal de Probabilidade 20
    4.6 Amostragem 21

5. Gráficos de Controle 25

    5.1 Objetivos 25
    5.2 Tipos de Gráficos de Controle 25
    5.3 Elementos do Gráfico de Controle 26
    5.4 Construção do Gráfico de Controle 27

6. Gráficos de Controle para Variáveis 29

    6.1 Gráfico da Média e Amplitude (x-barra e R) 29
    6.2 Gráficos da Média e Desvio-Padrão (x-barra e s) 33
    6.3 Gráficos do Valor Individual e Amplitude Móvel
        (x e Rm) 36
    6.4 Gráficos da Média e Amplitude Móveis
        (xm-barra e Rm) 39
    6.5 Gráfico por Bateladas 42
    6.6 Gráfico por Grupos 45
    6.7 Gráfico 3-D 50
    6.8 Seleção do Gráfico de Controle Adequado 54

7. Gráficos de Controle para Atributos 57

7.1 Gráfico da Fração Defeituosa (p) 57
7.2 Gráfico do Número de Defeituosos na Amostra (np) 60
7.3 Gráfico do Número de Defeitos na Amostra (c) 60
7.4 Gráfico do Número de Defeitos por Unidade de Inspeção (u) 63
7.5 Tamanhos Mínimos de Amostras 64
7.6 Seleção do Gráfico de Controle Adequado 65

8. Interpretação da Estabilidade do Processo 69

8.1 Testes de Não-Aleatoriedade 69
8.2 Uma Palavra para o Devido Cuidado 71

9. Autocorrelação 75

9.1 Como Surge a Autocorrelação 75
9.2 Identificação da Autocorrelação 76
9.3 Avaliação da Autocorrelação 77
9.4 Gráficos de Controle na Presença de Autocorrelação 78
9.5 Avaliação da Estabilidade Estatística do Processo 79
9.6 Um Exemplo 79

10. Capacidade do Processo 85

10.1 Testes para Distribuição Normal 85
10.2 Índices de Capacidade: Cp e Cpk 87
10.3 Outros Índices de Capacidade 89
10.4 Um Exemplo 91
10.5 Especificações Unilaterais 92
10.6 Casos Especiais: Processos Não-Normais e Presença de
Autocorrelação 93

11. Outras Ferramentas do CEP 95

11.1 Histograma 95
11.2 Diagrama de Causa e Efeito (Ishikawa) 98
11.3 Diagrama de Pareto 100
11.4 Folha de Verificação 101
11.5 Gráfico Linear 101
11.6 Diagrama de Dispersão 102
11.7 Fluxograma 102

12. Estudos de Casos 107

12.1 Teor de Umidade 107
12.2 Máquina de Compressão 112

13. Conclusão 117

14. Bibliografia 119

Anexo A – Fatores para Cálculo de Limites de Controle 121
Anexo B – Tabela da Distribuição Normal 123
Anexo C – Respostas aos Problemas Ímpares 125

INTRODUÇÃO

A preocupação com a qualidade é tão antiga quanto a própria humanidade. Desde que o homem pré-histórico confeccionou o seu primeiro artefato, surgiu a preocupação com a adequação do uso do produto às necessidades de quem o utiliza.

Entretanto, o moderno Controle da Qualidade, ou seja, calcado em bases científicas, data do início do século XX. Foi somente com a introdução do conceito de produção em massa que a qualidade começou a ser abordada sob uma ótica diferente.

O Controle Estatístico de Processo – CEP é, sem dúvida, uma das mais poderosas metodologias desenvolvidas visando auxiliar no controle eficaz da qualidade. O gráfico de controle, ferramenta básica do CEP, foi resultado do trabalho de Shewhart, nos Laboratórios Bell, na década de 1920.

O CEP tem sido utilizado algumas vezes extensivamente, como durante a Segunda Guerra Mundial e, outras (muitas) vezes apenas de forma esporádica. Foi com a ascensão do Japão, como nação líder em qualidade, que o mundo despertou para a importância da obtenção de produtos através de processos estatisticamente estáveis e capazes de atender aos clientes.

No Brasil, o CEP vem sendo implantado em um número cada vez maior de empresas, quer seja por exigência de algum grande cliente, tal como é o caso das montadoras, quer seja pela sua eficácia na melhoria da produtividade das operações. Contudo, há muito ainda por fazer, pois a potencialidade do CEP ainda não foi totalmente explorada. Novas aplicações aparecem diariamente, demonstrando a sua versatilidade e importância no aumento da competitividade.

Exercícios de Assimilação

1) Quem primeiro desenvolveu os conceitos do controle estatístico de processo (CEP)?

2) Em que época isto ocorreu?

3) Por que cada vez mais as empresas estão se interessando pelo CEP?

4) O que significa competitividade?

2 CONCEITOS BÁSICOS

2.1 Processos

Todo trabalho executado em uma empresa pode ser encarado como um processo, ou seja, um conjunto de atividades realizadas com um determinado propósito. Em outras palavras, um processo nada mais é do que a combinação de pessoas, máquinas, métodos, etc. com a finalidade de se obter um produto (bem ou serviço). A Fig. 1 mostra um diagrama, conhecido como de causa-e-efeito, demonstrando que a saída do processo (o produto) é o resultado destes fatores de produção.

Em todas as empresas há uma infinidade de tipos de processo: produtivos ou administrativos. Entretanto, conforme o *princípio de Pareto*, somente alguns poucos serão responsáveis por um maior impacto nos resultados.

Todo processo sempre possui cinco componentes básicos:

- **fornecedores** — são aquelas empresas ou outras áreas que suprem o processo com algum tipo de entrada.

- **entradas** — são as saídas (produtos) dos fornecedores.

- **processo** — é o próprio processamento, criando ou aumentando o valor das entradas.

- **saídas** — é o produto gerado pelo processo.

- **clientes** — são as empresas, pessoas ou áreas dentro da empresa que recebem a saída do processo (clientes internos ou externos).

A Tab. 1 fornece exemplos de dois tipos de processos. Pode-se observar que os conceitos anteriormente vistos são aplicáveis indistintamente aos dois casos, muito embora o primeiro seja produtivo e o outro, administrativo.

Figura 1 — Conceito de Processo

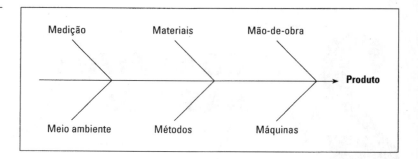

Se qualidade é o atendimento das necessidades dos clientes de forma constante e consistente, o CEP pode auxiliar muito em seu aprimoramento, já que possibilita a obtenção de processos que garantam produtos adequados.

Tabela 1 Exemplos de processo produtivo e administrativo

Componente	Fabricação de Papel	Contratação de Funcionário
fornecedor (f)	fabricante de celulose	mercado de trabalho
entradas (e)	celulose	candidatos
processo (p)	cozimento e calandragem	seleção e recrutamento
saída (s)	papel	candidato aprovado
cliente (c)	empresas do mundo todo	área solicitante

2.2 Controle e suas Formas

A palavra controle pode ter dois significados totalmente distintos: fiscalização ou ajuda. Por fiscalização, entende-se o ato de vigiar (policiar) algo para evitar um comportamento indesejado. Por ajuda, quer-se dizer auxiliar alguma coisa a obter um melhor desempenho, como é o caso do CEP.

Independentemente do sentido em que se aplica o controle (fiscalização ou ajuda), um ciclo de controle possui as seguintes etapas básicas:

a) *observação ou medição* — é a quantificação (mensuração) da saída do processo.

b) *avaliação ou comparação* — a saída é confrontada com algum padrão preestabelecido.

Figura 2 — Ciclo de Controle

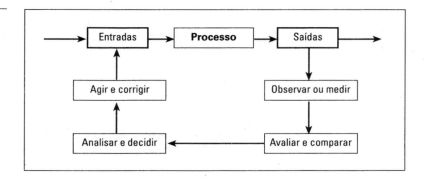

c) *análise e decisão* — é a existência (ou não) de diferenças entre o padrão e a saída, e que ação adotar em conseqüência.

d) *ação e correção* — consiste na tomada de ação sobre as diferenças.

A Fig. 2 apresenta o ciclo de controle conforme descrito anteriormente. É importante destacar que o ciclo se fecha com a ação tomada sobre as entradas (e não nas saídas), ou seja, ação sobre os fatores de produção e não sobre os produtos (bens ou serviços).

Em termos simples, o CEP prega o controle da qualidade conduzido simultaneamente com a manufatura (controle do processo), ao invés da inspeção após a produção, em que se separa os produtos bons daqueles que são defeituosos (controle do produto). Seu enfoque está na prevenção de defeitos ou erros. É muito mais fácil e barato fazer certo na primeira vez, do que depender de seleção e retrabalho de itens que não sejam perfeitos.

A Tab. 2 mostra uma comparação entre estes dois enfoques, quanto a diversos fatores

Tabela 2 Controle do Produto x Processo

Tipo de Controle	Produto	Processo
Ênfase	Detecção de defeitos	Prevenção de defeitos
Objetivo	Separar itens bons dos ruins	Evitar itens ruins
Padrão de Comparação	Limites de especificação	Limites de controle
Tipo de Ação	Inspeção	Controle
Responsável	Operador ou inspetor	Todos os envolvidos

6   capítulo 2 — CONCEITOS BÁSICOS

Conseqüentemente, quando do surgimento de problemas, a ação deve ser no processo (causa) que gerou o defeito, e não no produto (efeito) em si. Conforme ensina W. E. Deming: "*Não se melhora a qualidade através da inspeção, ela já vem com o produto quando este deixa a máquina e, portanto, antes de inspecioná-lo*".

O quão bem um processo se desempenha em termos de qualidade e produtividade depende de dois fatores: a forma pela qual ele foi projetado e, também, como ele é operado.

2.3 Causas de Variação

Qualquer processo apresenta variabilidade, isto é um fato da natureza. A variação nas características da qualidade existe em função das diferenças ou inconsistências entre operários, lotes de matéria-prima, equipamentos, instrumentos de medição, etc. Entretanto, as causas de variação podem ser divididas em dois grupos: causas comuns e especiais.

Uma causa comum é definida como uma fonte de variação que afeta a todos os valores individuais de um processo. É resultante de diversas origens, sem que nenhuma tenha predominância sobre a outra. Enquanto que os valores individuais diferem entre si, quando estes são agrupados tendem a formar um padrão (ou uma distribuição de probabilidade), que pode ser caracterizado pela localização (centro da distribuição), dispersão (variabilidade dos valores individuais) e forma (formato da distribuição). A variação devido a causas comuns está sempre presente; ela não pode ser reduzida sem mudanças na concepção do processo.

Já a causa especial é um fator que gera variações que afetam o comportamento do processo de maneira imprevisível, não sendo, portanto, possível obter-se um padrão ou (distribuição de probabilidade) neste caso. Costuma também ser chamada de causa esporádica, em virtude de sua natureza. Diferencia-se da causa comum pelo fato de produzir resultados totalmente discrepantes com relação aos demais valores. A Fig. 3 apresenta estes conceitos.

Pode-se perceber que, do ponto 1 ao 17, os valores oscilam em torno de um certo nível (ou média). Muito embora eles sejam individualmente diferentes uns dos outros, todos estão próximos do valor 10. Contudo, no ponto 18 há uma súbita mudança no comportamento dos dados (uma causa especial), que revela uma mudança no padrão de variação do processo.

No ponto 26 ocorre outra mudança (uma causa comum), porém de natureza diferente da primeira. Enquanto que a causa

Figura 3 — *Causas Comuns e Causas Especiais de Variação*

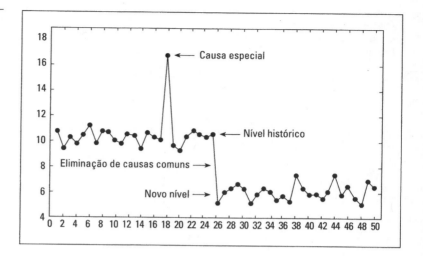

especial era esporádica, esta outra é permanente, ou seja, faz com que o processo passe a ter um novo nível (ou média), em torno do valor 6.

2.4 Ação Local e Ação no Sistema

A importância de se distinguir entre causas comuns e especiais de variação reside, principalmente, no fato de que o tipo de ação e de responsabilidade pela sua adoção estão em diferentes esferas da empresa. A eliminação de causas especiais exige uma ação local, que pode ser tomada por pessoas próximas ao processo, como, por exemplo, os operários. Já as causas comuns exigem ações sobre o sistema de trabalho, que somente podem ser tomadas pela administração, visto que o processo é em si consistente mas, mesmo assim, incapaz de atender às especificações.

Um processo é dito sob controle (ou estatisticamente estável ou previsível) quando somente causas comuns estiverem presentes. Porém, esta não é a condição natural de qualquer processo, ou, em outras palavras, deve-se sempre esperar a presença de causas especiais de variação atuando e, através de um esforço contínuo, eliminá-las uma a uma, até estabilizar o processo. Isto requer determinação e dedicação, uma vez que o prazo para se conseguir esta conquista leva meses e até mesmo anos.

Uma vez que o processo se tornou estável e, por conseguinte, sabe-se o que esperar dele, pode-se determinar se é possível atender às especificações ou necessidades de clientes (cálculo da capacidade do processo). Caso o processo não seja capaz, deve-se atuar na eliminação das causas comuns de variação, diminuindo assim a variabilidade total das características da qualidade que determinam o bom desempenho do produto (ver Fig. 4).

Figura 4 — *Controle e Capacidade de Processo*

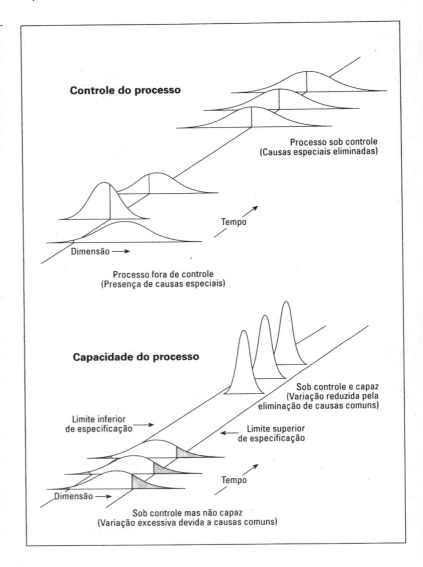

2.5 Vantagens na Utilização do CEP

Diversas são as vantagens da aplicação do CEP nas operações de uma empresa. Provavelmente as mais importantes são:

a) determinar o tipo de ação requerida (local ou no sistema) e, conseqüentemente, estabelecer a responsabilidade pela sua adoção (operação ou administração);

b) reduzir a variabilidade das características críticas dos produtos de forma a obter-se uma maior uniformidade e segurança dos itens produzidos;

c) permitir a determinação da real viabilidade de atender às especificações do produto ou às necessidades dos clientes, em condições normais de operação;

d) implantar soluções técnicas e administrativas que permitam a melhoria da qualidade e (principalmente) aumento da produtividade;

e) possibilitar o combate às causas dos problemas ao invés de seus efeitos, de modo a erradicá-los definitivamente do sistema de trabalho.

Em suma, pode-se dizer que o CEP faz com que todos trabalhem mais inteligentemente e não mais arduamente. Os ganhos com as economias obtidas são permanentes e os benefícios advindos geram um melhor ambiente de trabalho, onde as pessoas ficam mais motivadas a conseguirem melhores resultados todos os dias.

2.6 Pensamento Estatístico e Ferramentas Estatísticas

A melhoria de processos exige a utilização de ferramentas estatísticas para que os dados por eles gerados possam ser interpretados e analisados e as conclusões tiradas. A única forma de se melhorar alguma coisa é entendendo-a para, a seguir, descobrir como atuar para modificar o seu comportamento atual.

Entretanto, somente as ferramentas estatísticas não bastam para empreender-se estas ações. Elas precisam estar associadas à idéia do pensamento estatístico. Resumidamente, este prega uma filosofia de trabalho, norteada pelos seguintes princípios:

a) Todo e qualquer trabalho por nós executado é um processo, constituído por diversas etapas;

b) Todo processo está sujeito a variação, em maior ou menor quantidade, uma vez que isto é um fato da natureza;

c) Sempre é possível melhorar um processo, mediante a eliminação da variação neste existente.

O problema, que muitas empresas enfrentam na prática, é o de acreditar que é suficiente treinar seus colaboradores em ferramentas estatísticas para assegurar a obtenção de ganhos de qualidade e produtividade. Isto é um raciocínio similar ao de achar que para se ter um bom mecânico de automóveis basta fornecer-lhe boas ferramentas na sua bancada. Ledo engano!

Ferramentas são somente meios. Melhoria contínua é o objetivo a ser perseguido. Se não houver uma filosofia gerencial por detrás destas ferramentas, que oriente e planeje as ações a serem tomadas para executar as mudanças necessárias, estas não ocorrerão.

Todos numa organização devem conhecer o conceito do pensamento estatístico mas o importante é praticá-lo diariamente, buscando aprimorar todo o trabalho realizado. Um gerente não precisa ser um especialista em ferramentas estatísticas, porém necessita entender para que elas servem e estimular seu uso.

Exercícios de Assimilação

1) Selecione um processo (serviço) qualquer executado por você. Para este caso, defina o que seria:

   a) Controle do produto (detecção de erros)

   b) Controle do processo (prevenção de erros)

2) Com base no exercício anterior, dê dois exemplos de causas especiais e dois de causas comuns de variação para o processo selecionado no caso anterior.

3) Por que é importante diferenciar causas comuns de causas especiais de variação?

4) Por que é necessário primeiro estabilizar (remover as causas especiais) um processo, antes de atuar sobre a sua capacidade?

5) Você acha que um processo que gere produtos dentro das especificações de engenharia pode ser considerado como suficientemente bom? Por quê?

3 SISTEMAS DE PRODUÇÃO

3.1 Tipos de CEP

As indústrias podem ser classificadas nas seguintes categorias, quanto ao seu processo de fabricação:

- **produção em massa**: caracteriza-se por produzir um ou poucos tipos de produtos, com baixa diferenciação e em grandes quantidades. Normalmente adota arranjo físico linear (linha de montagem) com pouca flexibilidade.

- **produção intermitente (repetitiva ou sob encomenda)**: engloba a maior parte da indústria nacional, onde já existe uma diversificação maior do que no caso anterior, podendo possuir uma linha própria de produtos ou fabricando apenas sob especificação do cliente. O arranjo físico costuma ser funcional, com equipamentos flexíveis.

- **produção enxuta**: nesta categoria estão aquelas indústrias que adotaram os modernos conceitos de produção, tais como sistema *just-in-time*, células de manufatura, manufatura integrada por computador, etc. Caracteriza-se por possuir baixos estoques, equipamentos versáteis e flexibilidade para mudança de volumes e tipos de produtos.

- **processo contínuo ou em batelada**: esta categoria é representada pelas indústrias químicas e petroquímicas, além de outro sem número de empresas, onde não existem unidades discretas (unidades individuais) de produto durante o processo, mas somente ao final deste, quando da sua embalagem.

Evidentemente, o tipo de CEP depende do tipo de sistema de produção adotado pela empresa. Não se pode, por exemplo, esperar que o CEP convencional seja adequado quando se tem poucos dados disponíveis para a construção de um gráfico de controle. A seleção incorreta do tipo de CEP traz conseqüências desastrosas às empresas, já que os resultados obtidos são, no mínimo, desapontadores, instalando-se um clima de grande frustração e descontentamento.

A Tab. 3, a seguir, mostra o tipo de CEP adequado em função das características específicas de cada processo.

O CEP convencional é aquele tradicionalmente ensinado em livros da área da qualidade, onde há uma grande quantidade de dados disponível e os produtos fabricados costumam ser discretos (unidades individuais). Já o CEP para Pequenos Lotes é adequado onde há escassez de dados e a diversificação de produtos que passam através do mesmo equipamento é habitualmente grande.

O CEP para Processo Contínuo ou em Bateladas presta-se a situações onde o produto costuma ser de natureza contínua, sem ser possível definir claramente o que seja uma unidade do produto, com quantidades que podem variar desde baixo até alto volume, com pouca ou muita diferenciação de produtos, mas normalmente produzidos pelo mesmo equipamento.

Tabela 3 Sistemas de Produção e Tipos de CEP	Sistemas de Produção	Tipo de CEP
	Produção em Massa	Convencional
	Produção Intermitente (Repetitiva ou Sob Encomenda)	Convencional e Pequenos Lotes
	Produção Enxuta	Pequenos Lotes
	Processo Contínuo ou em Bateladas	Convencional e Processo Contínuo

3.2 Indústria de Processo Contínuo e em Bateladas

Quando o processo é do tipo contínuo, este costuma apresentar certas peculiaridades intrínsecas quando comparado aos processos tradicionais (usinagem, por exemplo) onde o CEP vem sendo aplicado há longo tempo. A Tab. 4 apresenta uma comparação entre processos que geram produtos discretos e produtos contínuos.

Tabela 4 Processos "Discretos e Contínuos"		Discreto	Contínuo
	Entradas	• Materiais manufaturados	• Materiais da natureza
		• Menor variabilidade	• Maior variabilidade
	Controle do Processo	• Manual ou semi-automático	• Semi ou totalmente automático
		• Baixa quantidade de controles	• Alta quantidade de controles
		• Alteração nos controles gera resultado imediato	• A alteração é lenta e gradual
	Saídas	• Peças ou subconjuntos	• Fluxo contínuo ou lotes de material
		• A saída pode ser alterada instantaneamente	• A saída muda gradualmente

3.3 Problemas no Emprego do CEP em Processos Contínuos

Quando um técnico se depara com a idéia de utilizar o CEP em um processo contínuo, as seguintes dificuldades costumam aparecer:

- Emprego de Amostras Unitárias: é comum serem utilizadas amostras de tamanho unitário neste tipo de indústria, onde somente há um único resultado disponível para análise. A maioria dos textos básicos de CEP enfatiza somente gráficos em que são empregadas médias para o controle do processo.

- Coleta e Formação de Amostras (ou Subgrupos): quando o produto gerado é contínuo, deve-se saber como coletar a amostra e formar subgrupos para análise da estabilidade estatística do processo. Estas metodologias costumam não ser tão intuitivas como no caso de fabricação de produtos discretos.

- Dados não independentes: dados obtidos próximos no tempo costumam apresentar-se autocorrelacionados, ou seja, o fato de um valor obtido do processo ser alto (ou baixo) interfere na chance de o próximo valor obtido ser também alto (ou baixo). Assim, por exemplo, se às 6:30 horas foi obtida uma leitura alta da viscosidade do produto em processo, provavelmente às 7:00 horas este valor continuará alto. Este problema afeta os gráficos de controle, que necessitam ser modificados para compensar este problema.

- Transmissão de variação pelas matérias-primas: as matérias-primas utilizadas na indústria de processo ou por bateladas costumam ser fornecidas diretamente da natureza, sem haver nenhum processamento prévio. Portanto, é comum que estas apresentem maior variação em suas características quando comparados com materiais em estágios mais avançados na cadeia produtiva.

- Fluxos múltiplos de material: diversos processos apresentam linhas, cabeçotes, posições, etc. múltiplas. Em outras palavras, funcionam como sendo diversas máquinas em uma só. Isto introduz dois problemas: a necessidade também de múltiplos gráficos de controle, sendo um para cada fluxo, e dificuldade na formação de subgrupos para análise do processo.

- Bateladas homogêneas mas com diferença entre si: quando se fabricam bateladas é normal que o material de um lote possua razoável homogeneidade, mas ocorrem diferenças significativas nas características deste material de lote para lote.

Exercícios de Assimilação

1) Quais os tipos de processo de fabricação que você conhece?

2) Quando é conveniente adotar o CEP para processo contínuo ou em bateladas?

3) Quais as dificuldades normalmente existentes neste tipo de CEP?

4) Em poucas palavras, o que é autocorrelação?

5) O que significa um lote de material homogêneo?

4 ESTATÍSTICA BÁSICA PARA O CEP

Estatística é a ciência que estuda a variação. Preocupa-se com a coleta, a organização, a descrição, a análise e a interpretação de dados. Mas, o mais importante, é que possibilita a tomada de decisões com base em fatos, em vez de simples opiniões.

Métodos estatísticos vêm sendo aplicados em todo o mundo, com o objetivo de fazer com que dados, que aparentemente nada significam, sejam corretamente interpretados e, portanto, melhores decisões sejam obtidas e tomadas.

4.1 Caracterização de Amostras

Quando se trabalha com amostras, pode-se desejar caracterizá-las através de certas medidas que indicam, por exemplo, onde está o seu centro ou de quanto é sua variabilidade. Estas medidas (ou estatísticas) são, conseqüentemente, chamadas de centralização e dispersão, respectivamente.

4.1.1 Medidas de Centralização

As principais medidas de centralização são:

a) **Média (x-barra)**: é calculada como sendo a soma de todos os valores da amostra, divididos pela quantidade total de valores (n).

Matematicamente

$$\bar{x} = \frac{\sum_{i=1}^{n} x_i}{n}$$

capítulo 4 — ESTATÍSTICA BÁSICA PARA O CEP

b) **Mediana (x-til)**: é calculada como sendo o termo ordenado de ordem $(n + 1)/2$, quando se tem uma quantidade ímpar de valores, ou a soma do termo de ordem $n/2$ com o termo de ordem $n/2 + 1$, divididos por 2, quando a quantidade é par.

4.1.2 Medidas de Dispersão

As principais medidas de dispersão, empregadas em CEP, são:

a) **Desvio-padrão** (s): é definido como sendo a raiz quadrada da soma dos desvios quadráticos de cada valor com relação à média, divididos por $n - 1$.

Matematicamente

$$s = \sqrt{\frac{\sum_{i=1}^{n}(x_i - \overline{x})^2}{n-1}}$$

b) **Amplitude** (R): é a diferença entre o maior e o menor valores da amostra

$$R = x_{máx} - x_{mín}$$

4.1.3 Um Exemplo

Seja o seguinte conjunto de valores:

$\{12,1; 12,5; 11,7; 13,1; 12,5\}$

A Tabela 5 apresenta o cálculo de suas estatísticas básicas.

Tabela 5 Caracterização da Amostra	*Item*	*Fórmula*	*Valor*
	Média	$\overline{x} = \dfrac{12,1+12,5+11,7+13,1+13,5}{5}$	12,4
	Mediana	$11,7 - 12,1 - 12,5 - 12,5 - 13,1$	12,5
	Desvio padrão	$s = \sqrt{\dfrac{(12,1-12,4)^2 + \cdots + (12,5-12,4)^2}{4}}$	0,52
	Amplitude	$R = 13,1 - 11,7$	1,4

Figura 5 — Vendas de Automóveis

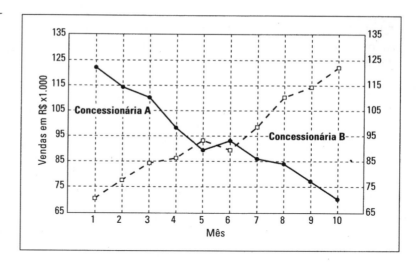

4.2 Séries Temporais

Uma série temporal é um conjunto de valores ordenados no tempo. Tão importante quanto o cálculo de média, medianas, amplitudes ou desvios-padrões é também o conhecimento da ordem de obtenção dos valores, pois novas e importantes informações podem ser conseguidas a partir desta visualização.

A Fig. 5 mostra as vendas (em milhares de R$) de duas concessionárias de automóveis. Ambas têm a mesma média e amplitude, mas a situação ao longo do tempo é bem diferente. A concessionária A tem vendas decrescentes, enquanto que a B, o oposto.

É óbvio que a concessionária B apresenta um desempenho no período recente muito mais satisfatório do que sua concorrente.

4.3 Dados Agrupados

No uso de gráficos de controle, é usual coletar-se amostras compostas de um ou mais valores individuais, com certa freqüência, com a finalidade de avaliar o comportamento (estabilidade) do processo. Isto é feito a partir das informações fornecidas por estas amostras e sua interpretação mediante gráficos de controle, que serão vistos posteriormente.

Seja, por exemplo, um determinado processo, do qual se coletam amostras de tamanho 5 (n = 5), com freqüência horária. Estas amostras são medidas e seus resultados estão apresentados na Tab. 6, a seguir.

A análise desta tabela permite chegar a algumas conclusões interessantes:

Tabela 6 Amostras de um processo	Amostra	Valores					x-barra	R
	1	7	24	24	20	25	20,0	18
	2	17	37	28	16	26	24,8	21
	3	12	22	40	36	34	28,8	28
	4	52	34	29	36	24	35,0	28
	5	28	28	34	29	48	33,4	20
	6	30	27	48	32	25	32,4	23
	7	36	21	31	22	28	27,6	15
	8	5	33	15	26	42	24,2	37
	9	50	34	37	27	34	36,4	23
	10	21	17	20	25	16	19,8	9
	11	34	18	29	43	24	29,6	25
	12	18	35	26	23	17	23,8	18
	13	10	28	19	26	21	20,8	18
	14	21	23	33	28	38	28,6	17
	15	27	41	15	22	23	25,6	26
	16	31	19	39	21	38	29,6	20
	17	37	46	22	26	25	31,2	24
	18	13	32	35	44	45	33,8	32
	19	9	44	25	32	39	29,8	35
	20	14	27	34	34	52	32,2	38
	Total						567,4	475

- tanto os valores das médias (x-barra) como os das amplitudes (R) apresentam variação ao longo do tempo: todo processo apresenta variação. Resta saber se esta é devida somente a causas comuns ou se causas especiais estão também presentes.

- enquanto que os valores individuais (x) oscilam entre 5 e 52, as médias variam entre 19,8 e 36,4: os valores individuais sempre apresentam uma variação maior do que as suas respectivas médias.

- as médias dão idéia de onde se localiza o centro do processo, enquanto que as amplitudes dão uma estimativa de sua variabilidade: é necessário trabalhar sempre com ambas as medidas de centralização e dispersão, pois cada uma fornece uma informação diferente do processo em análise.

Como a média do processo é desconhecida, cada média amostral representa uma estimativa da média do processo, mas a média das médias (x-duas barras) é uma estimativa ainda melhor, pois está baseada numa quantidade maior de dados ($20 \times 5 = 100$ valores individuais). A média das médias é chamada de média geral e pode ser calculada de dois modos diferentes, quando as amostras têm o mesmo tamanho:

$$\overline{\overline{x}} = \frac{\sum_{i=1}^{k} \overline{x}_i}{k} = \frac{\sum_{j=1}^{n} \sum_{i=1}^{k} x_{ij}}{k.n}$$

Analogamente, R-barra é uma estimativa melhor da variabilidade do processo do que cada amplitude individual. Logo:

$$\overline{R} = \frac{\sum_{i=1}^{k} R_i}{k}$$

Tanto o valor de x-duas barras quanto o de R-barra somente serão adequados para representar o desempenho do processo se este for estável. Em outras palavras, ambos são médias calculadas a partir dos dados obtidos do processo e, quando existem causas especiais de variação atuando neste, nada mais representam do que números sem nenhum significado prático.

4.4 Caracterização da População

4.4.1 Medida de Centralização

A média da população costuma ser representada pela letra grega μ (lê-se mi). Na prática, este valor nunca é conhecido e, portanto, deve ser estimado (substituído) pelo valor de x-barra, quando se possui uma única amostra ou por x-duas barras, quando se possui mais de uma amostra.

4.4.2 Medida de Dispersão

O desvio-padrão da população é representada pela letra grega σ (lê-se sigma). Como também é desconhecido, costuma ser substituído por R-barra ou, até, por s-barra. Contudo, ao fazer esta substituição, incorre-se em um erro chamado de vício, ou seja, não é possível a simples substituição de um valor pelo outro sem se proceder ao uso de um fator de correção.

Matematicamente:

$$\hat{\sigma} = \frac{\overline{R}}{d_2} = \frac{\overline{s}}{c_4}$$

Os valores dos fatores d_2 e c_4 encontram-se tabulados no Anexo A.

Figura 6 —
Distribuição de Probabilidade Normal

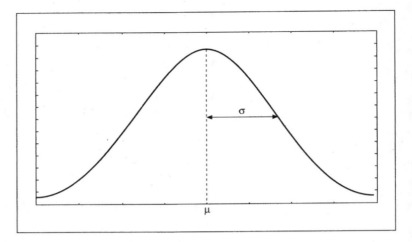

4.5 A Distribuição Normal de Probabilidade

4.5.1 Uso da Tabela da Distribuição Normal

Uma distribuição de probabilidade muito útil em CEP é a distribuição normal. A Fig. 6 mostra o formato da distribuição normal.

Para trabalhar com esta distribuição (também conhecida como de Gauss ou do sino) é necessário conhecer sua média μ e seu desvio-padrão σ, ou estimativas confiáveis destas.

Por se tratar de uma distribuição contínua de probabilidade, ou seja, em que a variável pode assumir quaisquer valores, deve-se sempre trabalhar com áreas da distribuição normal. Para tanto, é preciso calcular z, definido como:

$$z = \frac{x - \mu}{\sigma}$$

Em função do valor obtido de z e da tabela apresentada no Anexo B, pode-se descobrir qual é a área (ou seja, a probabilidade) procurada. A seguir, será fornecido um exemplo.

4.5.2 Um Exemplo

Um processo de laminação produz tiras de aço cuja dureza varia segundo uma distribuição normal com média 65 HRb e desvio-padrão de 4,5 HRb. Se a especificação para dureza é de 55 a 73 HRb, qual a porcentagem de material fora de especificação?

- **cálculo de z**

Como há dois valores importantes a serem considerados, o limite superior de especificação (LSE) de 73 HRb e, o inferior (LIE) de 55 HRb, é necessário calcular dois valores de z:

$$z_1 = \frac{x_1 - \mu}{\sigma} = \frac{73 - 65}{4,5} = 1,78$$

$$z_2 = \frac{x_2 - \mu}{\sigma} = \frac{55 - 65}{4,5} = -2,22$$

- **determinação de áreas sob a curva normal**

Quando o valor de z fornecer mais do que duas casas decimais, arredondar para somente duas, já que a tabela que será empregada somente utiliza estas. Por outro lado, quando o valor de z for negativo, desconsiderar o sinal, já que isto em nada interfere com o resultado.

Para utilização da tabela do Anexo B, entra-se com os dígitos da unidade e de décimos na primeira coluna e o último dígito (o de centésimos) na primeira linha. Conseqüentemente, obtêm-se os seguintes valores para de z calculados:

$$z_1 = \frac{x_1 - \mu}{\sigma} = \frac{73 - 65}{4,5} = 1,78 \Rightarrow 0,4625$$

$$z_2 = \frac{x_2 - \mu}{\sigma} = \frac{55 - 65}{4,5} = -2,22 \Rightarrow 0,4868$$

- **interpretação dos resultados**

O valor de 0,4625, obtido como área para z_1, significa que 46,25% da produção de aço terá dureza entre 65 e 73 HRb. Por outro lado, com relação a z_2, 48,68% da produção estará com dureza entre 55 e 65 HRb. Logo, 46,25% + 48,68% = 94,93% da produção será conforme (atende às especificações) e, os 5,07% restantes estarão acima de LSE ou abaixo de LIE.

4.6 Amostragem

O uso eficaz do CEP em processos contínuos ou em bateladas depende, sobretudo, do perfeito entendimento de como as amostras devem ser obtidas do processo, de modo a permitir a análise da variação desejada.

Em qualquer processo, existe uma infinidade de diferentes maneiras de se obter amostras. Contudo, somente uma delas é que permitirá o entendimento necessário das fontes de variação, para o aprimoramento da qualidade e produtividade.

capítulo 4 — ESTATÍSTICA BÁSICA PARA O CEP

Existem muita práticas disseminadas no meio industrial, fruto do uso e costume, que podem conduzir a conclusões erradas se não houver conhecimento de suas conseqüências. Eis algumas:

- **Amostras Compostas**: em muitos lugares é comum obter-se amostra de hora em hora para, ao final do dia, compô-las (ou seja, juntá-las) em uma única amostra. Se o objetivo da empresa é ter uma noção da média do dia deste processo, então este procedimento é adequado. Contudo, como o valor da amostra composta constitui-se numa média diária, não será possível avaliar a variabilidade do desempenho global do processo ao longo do dia, já que podem, por exemplo, ter sido obtidos valores muito baixos no período da manhã, sendo compensados por valores altos no período vespertino. Logo, a média em nada refletirá este comportamento.

- **Amostras Subdivididas em Amostras Menores**: outra prática comum é a de obter uma única amostra durante um dado período e, então, dividi-la em amostras menores (sub-amostras) para análise pelo laboratório. Se eventualmente forem verificadas diferenças entre os resultados, elas devem ser atribuídas tão-somente à variação do sistema de medição (instrumento, analista e método) e não ao processo de onde a amostra foi obtida.

- **Mistura de Diferentes Fontes de Variação**: quando existem diversas linhas de fabricação em análise, que ao final se juntam num único fluxo de material, disto decorre que a amostra retirada neste ponto é o resultado médio de desempenho de todas as linhas em conjunto. Infelizmente, não é possível ter-se uma idéia se há diferença significativa entre as linhas — ou não — com este procedimento e, portanto, importantes informações podem ser negligenciadas.

- **Mistura de Amostras de Diferentes Lotes**: quando se tem um determinado equipamento funcionando de modo ininterrupto e, acoplado a este, um outro que funciona de modo intermitente (em bateladas, por exemplo), na hora de se retirar a amostra não se deve misturar numa mesma amostra materiais de diferentes lotes, ou então esta indicará tanto variação do material do lote, como eventuais diferenças entre lotes. Se esta for excessiva, não haverá meio de identificar qual a origem do problema.

- **Materiais Contínuos**: quando materiais são produzidos em um processo, de forma contínua, tal como laminação de alumínio, tecelagem de tecidos, extrusão de perfis, trefilação de fios metálicos, fabricação de papel, etc., o controle da

EXERCÍCIOS DE ASSIMILAÇÃO

variação no sentido de máquina (longitudinal) se dá de modo totalmente independente do controle no sentido transversal. Não há sentido em se utilizar um tipo de variação como base para a análise da outra.

Exercícios de Assimilação

1) Calcular a média, a mediana, o desvio-padrão e a amplitude das amostras abaixo:

Am.	Valores	$\bar{x}$	$\tilde{x}$	s	R
1	35 – 34 – 32 – 36				
2	31 – 34 – 29 – 31				
3	30 – 32 – 32 – 30				
4	33 – 33 – 35 – 32				
5	34 – 37 – 34 – 32				
6	32 – 31 – 33 – 32				
7	33 – 36 – 31 – 32				
8	33 – 36 – 36 – 33				
9	36 – 35 – 31 – 35				
10	35 – 36 – 41 – 36				
11	38 – 35 – 38 – 36				
12	38 – 39 – 40 – 36				
13	40 – 35 – 33 – 36				
14	35 – 37 – 33 – 27				
15	37 – 33 – 30 – 28				
16	31 – 33 – 33 – 33				
17	30 – 34 – 34 – 33				
18	28 – 29 – 29 – 30				
19	27 – 29 – 35 – 32				
20	35 – 35 – 36 – 32				

2) Calcular a média geral (x duas barras) e a amplitude média (R-barra) dos dados anteriores.

3) Estudos em um processo mostraram que a viscosidade de lotes de produtos fabricados

capítulo 4 — ESTATÍSTICA BÁSICA PARA O CEP

pode ser considerada como possuindo distribuição normal, com média $\mu = 273$ cps e desvio-padrão de $\sigma = 14,3$ cps. A especificação para a viscosidade do produto é 260 ± 20 cps.

a) Que porcentagem total dos lotes possuía viscosidade superior a 280 cps?

b) Que porcentagem total dos lotes possuía viscosidade abaixo de 240 cps?

c) Se o processo estudado não for estável, os cálculos anteriores serão válidos? Por quê?

4) Em uma empresa, lotes de barrilha são recebidos sempre em bombonas de 25 kg. Normalmente, o tamanho do lote varia de 10 a 25 bombonas. A prática atual é retirar 100 g de cinco bombonas, selecionadas aleatoriamente do lote, e enviá-las ao laboratório. O laboratório recebe as amostras, junta-as e homogeiniza-as, fazendo então uma única determinação do teor ativo do material. Que tipos de críticas ou comentários você faria a este procedimento adotado pela empresa?

5) O que é mais importante na sua opinião: o tamanho da amostra coletada ou a forma pela qual a amostra é retirada?

5 GRÁFICOS DE CONTROLE

5.1 Objetivos

Os gráficos de controle possuem três objetivos básicos:

a) verificar se o processo estudado é estatisticamente estável, ou seja, se não há presença de causas especiais de variação;

b) verificar se o processo estudado permanece estável, indicando quando é necessário atuar sobre o mesmo; e

c) permitir o aprimoramento do processo, mediante a redução de sua variabilidade.

5.2 Tipos de Gráficos de Controle

Didaticamente, costuma-se dividir os gráficos de controle em duas grandes categorias:

- **variáveis** — consistem naquelas características cujo valor é o resultado de algum tipo de medição (peso, altura, comprimento, resistência, etc.);

- **atributos** — são aquelas características cujo resultado é decorrente de uma classificação ou contagem (número de defeituosos, número de defeitos, número de erros, etc.).

Os gráficos por variáveis costumam ser superiores (em termos de desempenho) aos por atributos, pois necessitam de tamanhos de amostras menores e contêm uma maior quantidade de informação nos seus dados. Este assunto será discutido com maiores detalhes posteriormente.

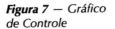

Figura 7 — *Gráfico de Controle*

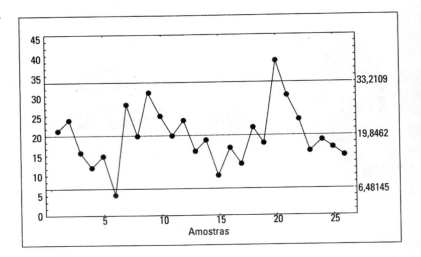

5.3 Elementos do Gráfico de Controle

Um gráfico de controle é um conjunto de pontos (amostras), ordenados no tempo, que são interpretados em função de linhas horizontais, chamadas de limite superior de controle (LSC), linha média (LM) e limite inferior de controle (LIC). A Fig. 7 apresenta um gráfico de controle típico.

A teoria estatística desenvolvida por W. A. Shewhart, para o cálculo dos limites de controle baseia-se na idéia de que, sendo o processo estudado estável, então uma estatística qualquer calculada a partir dos dados fornecidos pelas amostras terá uma probabilidade próxima a um de estar no intervalo de mais ou menos três desvios-padrões, a partir da média da população.

Quando um valor observado cair fora deste intervalo, assume-se que a hipótese de estabilidade do processo não mais é válida, indicando a presença de uma causa especial de variação (amostras 6 e 20, no gráfico).

Na prática, como não se conhece nem o valor da média nem o do desvio-padrão da população, torna-se necessário substituí-los por estatísticas fornecidas pelas amostras.

No cálculo dos limites de controle e obtenção de amostras, as seguintes regras devem ser obedecidas:

a) o desvio-padrão utilizado deve ser sempre estimado com base na variação dentro da amostra;

b) as gráficos sempre utilizam limites de controle localizados à distância de três desvios-padrões da linha média;

5.4 — CONSTRUÇÃO DO GRÁFICO DE CONTROLE **27**

c) os dados devem ser obtidos e organizados em amostras (ou subgrupos) segundo algum critério racional, visando permitir a obtenção das respostas necessárias;

d) o conhecimento obtido através das gráficos de controle deve ser empregado para modificar as ações, conforme adequado.

5.4 Construção do Gráfico de Controle

Na construção de gráficos de controle, certos passos devem ser seguidos, de modo a permitir a sua correta análise. Estes são os seguintes, para o estabelecimento do gráfico inicial:

a) coletar dados durante um certo período de tempo, até que todos os tipos de variação os quais se está interessado em avaliar tenham oportunidade de aparecer;

b) calcular as estatísticas que resumem a informação contida nos dados (médias, amplitudes, desvios-padrões, proporções, número de defeitos, etc.);

c) calcular os limites de controle com base nas estatísticas;

d) marcar os pontos (estatísticas) nas gráficos de controle e uni-los para facilitar a visualização do comportamento do processo;

e) marcar os limites de controle;

f) analisar as gráficos de controle quanto à presença de causas especiais (tendências, ciclos, estratificação, etc.);

g) quando for detectada a presença de causas especiais, buscar identificar, eliminar e prevenir a sua repetição.

Exercícios de Assimilação

1) Quais são os objetivos dos gráficos de controle?

2) Quais são os elementos básicos de um gráfico de controle?

3) Você foi visitar uma empresa e esta exibiu os seus gráficos de controle empregados durante o processo de fabricação. Você reparou que, em vez de limites de controle, empregavam-se na empresa os limites de especificação. Na sua opinião, tal empresa possui gráficos de controle do processo ou do produto? Por quê?

GRÁFICOS DE CONTROLE PARA VARIÁVEIS

6.1 Gráfico da Média e Amplitude (x-barra e R)

6.1.1 Fundamentos

Em decorrência do exposto anteriormente, para o caso da média amostral têm-se os seguintes limites de controle:

$$\mu(\overline{x}) \pm 3 \cdot \sigma(\overline{x})$$

Como não se conhece a média $\mu(\overline{x})$, será então utilizada a média das médias das amostras, ou seja, x-duas barras e, no lugar de $\sigma(x)$ será empregada a média das amplitudes, ou seja, R-barra. Logo:

$$LSC_{\overline{x}} = \overline{\overline{x}} + 3 \cdot \frac{\overline{R}}{d_2.\sqrt{n}}$$

$$LM_{\overline{x}} = \overline{\overline{x}}$$

$$LIC_{\overline{x}} = \overline{\overline{x}} - 3 \cdot \frac{\overline{R}}{d_2.\sqrt{n}}$$

Dois termos aparecem nessas expressões que merecem maiores esclarecimentos: n e d_2. O primeiro é o tamanho da amostra e decorre do fato de que a dispersão (desvio-padrão) das médias das amostras é menor que a dos valores individuais e, o segundo, é um fator necessário para corrigir um vício (viés) introduzido quando substitui-se $\sigma(x)$ por R-barra.

As fórmulas anteriores podem ser reescritas como:

$$LSC_{\overline{x}} = \overline{\overline{x}} + A_2 \cdot \overline{R}$$

$$LM_{\overline{x}} = \overline{\overline{x}}$$

$$LIC_{\overline{x}} = \overline{\overline{x}} - A_2 \cdot \overline{R}$$

onde

$$A_2 = \frac{3}{d_2 \cdot \sqrt{n}}$$

Os valores de A_2 e d_2 são função do tamanho da amostra (n) e encontram-se tabulados no Anexo A.

Para o caso da amplitude, seus limites de controle ficam:

$$\mu(R) \pm 3 \cdot \sigma(R)$$

ou ainda

$$LSC_R = (d_2 + 3 \cdot d_3) \cdot \frac{\overline{R}}{d_2} = D_4 \cdot \overline{R}$$

$$LM_R = \overline{R}$$

$$LIC_R = (d_2 - 3 \cdot d_3) \cdot \frac{\overline{R}}{d_2} = D_3 \cdot \overline{R}$$

onde

$$D_4 = 1 + 3 \cdot \frac{d_3}{d_2}$$

e

$$D_3 = 1 - 3 \cdot \frac{d_3}{d_2}$$

Os valores de D_3 e D_4 encontram-se no Anexo A. Para tamanhos de amostra menores que 7, não existe o fator D_3.

6.1.2 Um Exemplo

Na fabricação de misturas de pós, uma característica importante é sua umidade, já que ela tem papel fundamental na qualidade do produto. Sua especificação é de 10% ± 0,5%. Decidiu-se acompanhar a fabricação de 20 (vinte) lotes consecutivos e monitorar a umidade mediante a retirada de amostras.

● obtenção de amostras e formação de subgrupos

Se for feita somente uma única determinação da umidade de cada lote de mistura, não será possível avaliar a variação dentro do lote. Ou seja, determinar se há diferenças significativas entre um lado e outro do misturador, por exemplo. Por conseguinte, é

6.1 — GRÁFICO DA MÉDIA E AMPLITUDE (x-BARRA e R)

recomendável o emprego de amostras maiores do que um (n > 1) nesta situação.

Optou-se, então, por obter-se amostras de tamanho três (n = 3), nestes vinte lotes consecutivos (k = 20).

● amostras iniciais

A Tab. 7 apresenta os resultados do acompanhamento de lotes. Como se tem amostras de tamanho três (n = 3), pode-se adotar gráficos do tipo x-barra e R ou, x-barra e s (serão vistos posteriormente). Em função da facilidade de cálculo, optou-se pelo primeiro tipo.

Na tabela, também já estão calculadas as médias e amplitudes das amostras obtidas na fase de acompanhamento.

Tabela 7
Valores
de Umidade
dos Lotes

Lote	Valores			x-barra	R
1	10,69 –	10,80 –	10,39	10,627	0,41
2	10,20 –	10,30 –	10,72	10,407	0,52
3	10,42 –	10,61 –	10,54	10,523	0,19
4	10,98 –	10,27 –	10,50	10,583	0,71
5	10,61 –	10,52 –	10,67	10,600	0,15
6	10,57 –	10,46 –	10,50	10,510	0,11
7	10,44 –	10,29 –	9,86	10,197	0,58
8	10,20 –	10,29 –	10,41	10,300	0,21
9	10,46 –	10,76 –	10,74	10,653	0,30
10	10,11 –	10,33 –	10,98	10,473	0,87
11	10,29 –	10,57 –	10,65	10,503	0,36
12	10,83 –	11,00 –	10,65	10,827	0,35
13	10,35 –	10,07 –	10,48	10,300	0,41
14	10,69 –	10,54 –	10,61	10,613	0,15
15	10,44 –	10,44 –	10,57	10,483	0,13
16	10,63 –	9,86 –	10,54	10,343	0,77
17	10,54 –	10,82 –	10,48	10,613	0,34
18	10,50 –	10,61 –	10,54	10,550	0,11
19	10,29 –	10,79 –	10,74	10,607	0,50
20	10,57 –	10,44 –	10,52	10,510	0,13
Total				**210,222**	**7,30**

- **cálculo das estatísticas básicas**

$$\bar{\bar{x}} = \frac{\Sigma \bar{x}}{k} = \frac{210,222}{20} = 10,511 \qquad \bar{R} = \frac{\Sigma R}{k} = \frac{7,30}{20} = 0,365$$

- **cálculo dos limites de controle**
  - **para o gráfico da amplitude (R)**

  $LSC_R = D_4 \cdot \bar{R} = 2,574 \cdot 0,365 = 0,940$
  $LM_R = \bar{R} = 0,365$
  $LIC_R = D_3 \cdot \bar{R} = $ nenhum

  - **para o gráfico da média (x-barra)**

  $LSC_{\bar{x}} = \bar{\bar{x}} + A_2 \cdot \bar{R} = 10,511 + 1,023 \cdot 0,365 = 10,855$
  $LM_{\bar{x}} = \bar{\bar{x}} = 10,511$
  $LIC_{\bar{x}} = \bar{\bar{x}} - A_2 \cdot \bar{R} = 10,511 - 1,023 \cdot 0,365 = 10,138$

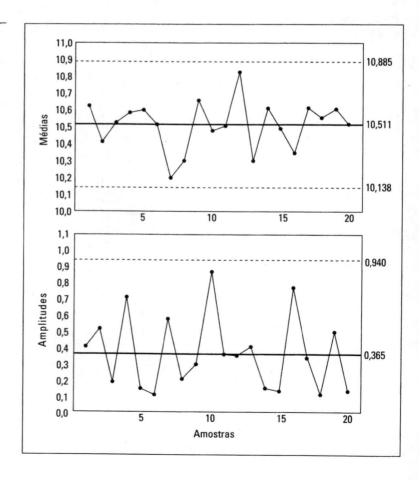

Figura 8 — Gráficos de Controle x-barra e R

● próximos passos

Como o processo é estável, mas a umidade média é alta, os limites de controle podem ser recalculados, após o ajuste da fórmula da mistura e redução da umidade, para refletir esta modificação. Assim, como linha média utilizar-se-á o valor alvo pretendido, ou seja, 10% e estes novos limites servirão para avaliar quão bem se desempenha o processo quanto à umidade:

$$LSC_{\bar{x}} = \bar{\bar{x}}_{alvo} + A_2 \cdot \overline{R} = 10,000 + 1,023 \cdot 0,365 = 10,373$$
$$LM_{\bar{x}} = \bar{\bar{x}}_{alvo} = 10,000$$
$$LIC_{\bar{x}} = \bar{\bar{x}}_{alvo} - A_2 \cdot \overline{R} = 10,000 - 1,023 \cdot 0,365 = 9,627$$

6.2 Gráficos da Média e Desvio-Padrão (x-barra e s) ■■■■■■■

6.2.1 Fundamentos

Estes gráficos são similares aos gráficos x-barra e R. Embora o cálculo de desvio-padrão da amostra (s) seja mais difícil do que o da amplitude (R), o fato é que quando são adotadas amostras de tamanhos maiores (n > 10), não mais se deve empregar R para avaliar a variabilidade do processo, pois ele se torna muito ineficiente quando comparado com s.

Assim, no lugar de $\sigma(x)$ será empregada a média dos desvios-padrões, ou seja, s-barra. Logo:

$$LSC_{\bar{x}} = \bar{\bar{x}} + 3 \cdot \frac{\bar{s}}{c_4 \cdot \sqrt{n}}$$
$$LM_{\bar{x}} = \bar{\bar{x}}$$
$$LIC_{\bar{x}} = \bar{\bar{x}} - 3 \cdot \frac{\bar{s}}{c_4 \cdot \sqrt{n}}$$

O termo c_4 é um fator necessário para corrigir um vício (viés) introduzido quando se substitui $\sigma(x)$ por s-barra, similar ao fator d_2, que é empregado para R-barra.

As fórmulas anteriores podem ser reescritas como:

$$LSC_{\bar{x}} = \bar{\bar{x}} + A_3 \cdot \bar{s}$$
$$LM_{\bar{x}} = \bar{\bar{x}}$$
$$LIC_{\bar{x}} = \bar{\bar{x}} - A_3 \cdot \bar{s}$$

onde

$$A_3 = \frac{3}{c_4 \cdot \sqrt{n}}$$

capítulo 6 — GRÁFICOS DE CONTROLE PARA VARIÁVEIS

Os valores de A_3 e c_4 são função do tamanho da amostra (n) e encontram-se tabulados no Anexo A.

Para o desvio-padrão, seus limites de controle ficam:

$$\mu(s) \pm 3 \cdot \sigma(s)$$

ou ainda

$$LSC_s = (c_4 + 3 \cdot c_5) \cdot \frac{\overline{s}}{c_4} = B_4 \cdot \overline{s}$$

$$LM_s = \overline{s}$$

$$LIC_s = (c_4 - 3 \cdot c_5) \cdot \frac{\overline{s}}{c_4} = B_3 \cdot \overline{s}$$

onde

$$B_4 = 1 + 3 \cdot \frac{c_5}{c_4}$$

e

$$B_3 = 1 - 3 \cdot \frac{c_5}{c_4}$$

Os valores de B_3 e B_4 encontram-se no Anexo A. Para $n < 6$, não existe o fator B_3.

6.2.2 Um Exemplo

Adotando-se os mesmos valores do exemplo visto em 6.1.2, obtêm-se os resultados da Tab. 8.

● **cálculo das estatísticas básicas**

$$\overline{\overline{x}} = \frac{\Sigma \overline{x}}{k} = \frac{210,222}{20} = 10,511 \qquad \overline{s} = \frac{\Sigma s}{k} = \frac{3,827}{20} = 0,191$$

● **cálculo dos limites de controle**
  ● **para o gráfico do desvio-padrão (s)**

$$LSC_s = B_4 \cdot \overline{s} = 2,568 \cdot 0,191 = 0,490$$

$$LM_s = \overline{s} = 0,191$$

$$LIC_s = B_3 \cdot \overline{s} = nenhum$$

6.2 — GRÁFICOS DA MÉDIA E DESVIO-PADRÃO (x-BARRA e S)

Tabela 8
Valores de Umidade dos Lotes

Lote	Valores	x-barra	s
1	10,69 – 10,80 – 10,39	10,627	0,212
2	10,20 – 10,30 – 10,72	10,407	0,276
3	10,42 – 10,61 – 10,54	10,523	0,096
4	10,98 – 10,27 – 10,50	10,583	0,362
5	10,61 – 10,52 – 10,67	10,600	0,076
6	10,57 – 10,46 – 10,50	10,510	0,056
7	10,44 – 10,29 – 9,86	10,197	0,301
8	10,20 – 10,29 – 10,41	10,300	0,105
9	10,46 – 10,76 – 10,74	10,653	0,168
10	10,11 – 10,33 – 10,98	10,473	0,452
11	10,29 – 10,57 – 10,65	10,503	0,189
12	10,83 – 11,00 – 10,65	10,827	0,175
13	10,35 – 10,07 – 10,48	10,300	0,210
14	10,69 – 10,54 – 10,61	10,613	0,075
15	10,44 – 10,44 – 10,57	10,483	0,075
16	10,63 – 9,86 – 10,54	10,343	0,420
17	10,54 – 10,82 – 10,48	10,613	0,181
18	10,50 – 10,61 – 10,54	10,550	0,056
19	10,29 – 10,79 – 10,74	10,607	0,275
20	10,57 – 10,44 – 10,52	10,510	0,066
Total		**210,222**	**3,827**

● **para o gráfico da média (x-barra)**

$$LSC_{\bar{x}} = \bar{\bar{x}} + A_3 \cdot \bar{s} = 10,511 + 1,954 \cdot 0,191 = 10,885$$
$$LM_{\bar{x}} = \bar{\bar{x}} = 10,511$$
$$LIC_{\bar{x}} = \bar{\bar{x}} - A_3 \cdot \bar{s} = 10,511 = 1,954 \cdot 0,191 = 10,138$$

● **construção dos gráficos de controle**

A construção e interpretação dos gráficos de controle é similar ao caso dos gráficos x-barra e R e, portanto, ficará a cargo do leitor.

6.3 Gráficos do Valor Individual e Amplitude Móvel (x e Rm)

6.3.1 Fundamentos

Quando somente valores individuais estiverem disponíveis, torna-se necessário o emprego destes tipos de gráficos. A amplitude móvel (Rm) é definida como sendo a diferença (em módulo) entre m valores individuais consecutivos. Os limites de controle destes gráficos são:

$$LSC_x = \overline{x} + E_2 \cdot \overline{R}m$$
$$LM_x = \overline{x}$$
$$LIC_x = \overline{x} - E_2 \cdot \overline{R}m$$

com

$$E_2 = \frac{3}{d_2}$$

e

$$LSC_{Rm} = D_4 \cdot \overline{R}m$$
$$LM_{Rm} = \overline{R}m$$
$$LIC_{Rm} = D_3 \cdot \overline{R}m$$

Os valores de E_2 encontram-se no Anexo A.

6.3.2 Um Exemplo

No refino de petróleo, amostras são retiradas a cada duas horas, na linha de bombeamento, e nestas é determinado o seu teor de parafina. Os dados obtidos ao longo de diversos dias são apresentados na Tab. 9.

● obtenção de amostras e formação de subgrupos

Como somente há valores individuais disponíveis, há então necessidade de utilizar-se amplitudes móveis, ou seja, as amostras serão agrupadas duas a duas, subtraindo-se o maior do menor valor. Assim, por exemplo, para os dois primeiros valores, tem-se:

$$Rm_1 = x_{máx} - x_{mín} = x_1 - x_2 = 22,7 - 10,7 = 2,0$$
$$Rm_2 = x_{máx} - x_{mín} = x_3 - x_2 = 21,2 - 20,7 = 0,5, \text{ etc...}$$

Na Tab. 9, estas amplitudes móveis já se encontram calculadas e lançadas.

Tabela 9 Valores da Parafina em Petróleo	Amostra	Valor	Rm
	1	22,7	–
	2	20,7	2,0
	3	21,2	0,5
	4	19,7	1,5
	5	18,7	1,0
	6	24,2	5,5
	7	26,8	2,6
	8	18,9	7,9
	9	24,5	5,6
	10	24,9	0,4
	11	19,2	5,7
	12	16,8	2,4
	13	23,0	6,2
	14	19,8	3,2
	15	18,8	1,0
	16	19,1	0,3
	17	22,6	3,5
	18	20,9	1,7
	19	17,4	3,5
	20	25,6	8,2
	21	22,0	3,6
	22	21,8	0,2
	23	23,2	1,4
	24	23,5	0,3
	25	26,0	2,5
	Total	**542,0**	**70,7**

● **cálculo das estatísticas básicas**

Neste tipo de gráfico de controle, deve-se tomar um cuidado especial, já que há k valores individuais, mas somente k – 1 amplitudes móveis. Logo:

$$\bar{x} = \frac{\Sigma x}{k} = \frac{542,0}{25} = 21,68 \qquad Rm = \frac{\Sigma Rm}{k-1} = \frac{70,7}{24} = 2,95$$

● **cálculo dos limites de controle**

   ● **para o gráfico Rm**

$$LSC_{Rm} = D_4 \cdot \overline{Rm} = 3,267 \cdot 2,95 = 9,64$$
$$LM_{Rm} = \overline{Rm}, 95$$
$$LIC_{Rm} = D_3 \cdot \overline{Rm} = nenhum$$

- **para o gráfico x**

$$LSC_x = \bar{x} + E_2 \cdot \overline{R}m = 21,68 + 2,660 \cdot 2,95 = 29,527$$
$$LM_x = \bar{x} = 21,68$$
$$LIC_x = \bar{x} - E_2 \cdot \overline{R}m = 21,68 - 2,660 \cdot 2,95 = 13,833$$

- **construção dos gráficos de controle**

A Fig. 9 apresenta os gráficos para valor individual (x) e amplitude móvel (Rm).

- **avaliação da estabilidade do processo**

Analisando-se inicialmente o gráfico Rm, verifica-se que não há causas especiais de variação atuando na dispersão (variabilidade) do processo, já que não há pontos fora dos limites de controle e estes se distribuem aleatoriamente (ao acaso) em torno

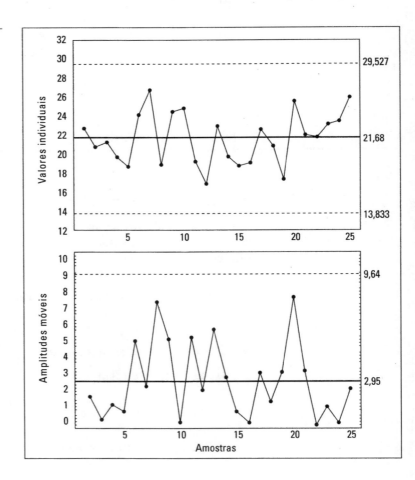

Figura 9 — Gráficos para valores individuais e amplitudes móveis

da linha média. Portanto, o valor de Rm-barra pode ser considerado satisfatório para representar a variabilidade deste processo. O mesmo não aconteceria se, por exemplo, o processo fosse instável, já que esta média seria um simples valor calculado a partir de dados obtidos de um processo imprevisível quanto ao seu comportamento.

O gráfico de controle para valores individuais também mostra uma distribuição aleatória (ao acaso) dos pontos em torno da linha média e, também, deve ser considerado estável.

● próximas etapas

Quando for desejado o emprego destes gráficos para monitoramento do processo, então os mesmos podem ser adotados, bastando para isso que se estendam os limites de controle para as futuras amostras obtidas da produção.

6.4 Gráficos da Média e Amplitude Móveis (xm-barra e Rm) ▬▬▬▬

6.4.1 Fundamentos

Uma extensão óbvia do gráfico para valores individuais é o gráfico para médias móveis. Similarmente ao que foi feito com as amplitudes móveis, onde estas foram calculadas tomando-se m a m valores, e subtraindo-se o maior do menor valor, as médias móveis serão, analogamente, calculadas também tomando-se m a m valores, somando-os e dividindo-se o resultado por m. Matematicamente, para o caso de m = 2, tem-se:

$$\overline{x}m_i = \frac{x_i + x_{i+1}}{2} \qquad i = 1, 2, 3, \ldots, k-1$$

A vantagem deste tipo de gráfico com relação aos valores individuais é que as médias são mais sensíveis à presença de causas especiais. Assim, melhora-se o desempenho do gráfico, além de não mais haver necessidade de preocupar-se com distribuições de valores individuais fortemente assimétricas, que prejudicavam o gráfico para valores individuais.

As fórmulas para cálculo dos limites de controle são:

$$LSC_{\overline{x}m} = \overline{\overline{x}}m + A_2 \cdot \overline{R}m$$
$$LM_{\overline{x}m} = \overline{\overline{x}}m$$
$$LIC_{\overline{x}m} = \overline{\overline{x}}m - A_2 \cdot \overline{R}m$$

e

$$LSC_{Rm} = D_4 \cdot \overline{R}m$$
$$LM_{Rm} = \overline{R}m$$
$$LIC_{Rm} = D_3 \cdot \overline{R}m$$

6.4.2 Um exemplo

Vamos utilizar os mesmos dados dos exemplo anterior.

● obtenção de amostras e formação de subgrupos

As médias móveis serão calculadas tomando-se dois a dois valores, somando-os e dividindo-se por dois o resultado Assim, por exemplo, para os dois primeiros valores individuais, tem-se:

$$\overline{x}m_1 = \frac{22,7 + 20,7}{2} = 21,7$$

e, assim por diante, sucessivamente.

Na Tabela 10 estas médias já se encontram calculadas.

● cálculo das estatísticas básicas

Neste tipo de gráfico de controle, deve-se tomar um cuidado especial, já que há k valores individuais, mas somente $k - 1$ médias móveis e $k - 1$ amplitudes móveis. Logo:

$$\overline{\overline{x}}m = \frac{\Sigma \overline{x}m}{k-1} = \frac{517,65}{24} = 21,57 \qquad \overline{R}m = \frac{\Sigma Rm}{k-1} = \frac{70,7}{24} = 2,95$$

● cálculo dos limites de controle

● para o gráfico Rm (idêntico ao caso anterior)

$$LSC_{Rm} = D_4 \cdot \overline{R}m = 3,267 \cdot 2,95 = 9,64$$
$$LM_{Rm} = \overline{R}m = 2,95$$
$$LIC_{Rm} = D_3 \cdot \overline{R}m = nenhum$$

● para o gráfico xm-barra

$$LSC_{\overline{x}m} = \overline{\overline{x}}m + A_2 \cdot \overline{R}m = 21,57 + 1,880 \cdot 2,95 = 27,116$$
$$LM_{\overline{x}m} = \overline{\overline{x}}m = 21,57$$
$$LIC_{\overline{x}m} = \overline{\overline{x}}m - A_2 \cdot \overline{R}m = 21,57 - 1,880 \cdot 2,95 = 16,024$$

6.4 — GRÁFICOS DA MÉDIA E AMPLITUDE MÓVEIS (xm-barra e Rm)

Tabela 10
Valores
da Parafina
em Petróleo

Amostra	Valor	xm-barra	Rm
1	22,7	–	–
2	20,7	21,70	2,0
3	21,2	20,95	0,5
4	19,7	20,45	1,5
5	18,7	19,20	1,0
6	24,2	21,45	5,5
7	26,8	25,50	2,6
8	18,9	22,85	7,9
9	24,5	21,70	5,6
10	24,9	24,70	0,4
11	19,2	22,05	5,7
12	16,8	18,00	2,4
13	23,0	19,90	6,2
14	19,8	21,40	3,2
15	18,8	19,30	1,0
16	19,1	18,95	0,3
17	22,6	20,85	3,5
18	20,9	21,75	1,7
19	17,4	19,15	3,5
20	25,6	21,50	8,2
21	22,0	23,80	3,6
22	21,8	21,90	0,2
23	23,2	22,50	1,4
24	23,5	23,35	0,3
25	26,0	24,75	2,5
Total	**542,0**	**517,65**	**70,7**

● **construção dos gráficos de controle**

A Fig. 10 apresenta o gráfico para média móvel (xm-barra). O gráfico da amplitude móvel (Rm) não aparece, pois é idêntico ao da Fig. 9.

● **avaliação da estabilidade do processo**

O gráfico de controle para médias móveis mostra os pontos dentro dos limites de controle e também deve ser considerado estável.

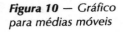
Figura 10 — Gráfico para médias móveis

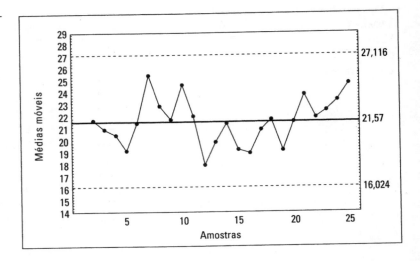

6.5 Gráfico por Bateladas

6.5.1 Fundamentos

Quando um determinado processo produz materiais em bateladas (ou lotes), é comum surgir o seguinte fenômeno em termos de variação: cada batelada costuma ser bastante homogênea, porém há diferenças razoáveis entre bateladas.

Assim, diferentes amostras retiradas de uma mesma batelada apresentam pequena variação, mas quando se comparam as médias das bateladas, percebe-se que estas são completamente distintas.

A conseqüência disto é que se construídos gráficos do tipo média e amplitude (x-barra e R), enquanto o gráfico R se mostrará estável, o mesmo não acontecerá com o gráfico x-barra.

A razão está no fato de que a distância dos limites de controle com relação à linha média, no gráfico x-barra, é dada por $A_2 \cdot \overline{R}$. Como A_2 é uma constante que somente depende de n, então é $\overline{R}$ quem define, em última instância, esta distância.

Entretanto, nem sempre $\overline{R}$ é satisfatório para determinar a posição dos limites de controle em relação à média, principalmente quando se sabe que existem diferenças entre lotes e (pelo menos a curto prazo) não há nada que se possa fazer para reduzir esta. Em outras palavras, diferenças entre bateladas devem ser entendidas como sendo parte do comportamento do processo e, portanto, devem ser incorporadas no gráfico de controle empregado.

Nestas situações, pode-se utilizar o gráfico por bateladas (*batch control chart*), que é uma mistura de gráfico x-barra e R com x e Rm. As amplitudes móveis serão calculadas tomando-se

6.5 — GRÁFICO POR BATELADAS

m a m médias, para depois se calcular a amplitude móvel média que estabelecerá a que distância os limites de controle devem ficar em relação à linha média, no gráfico x-barra.

$$LSC_{\bar{x}} = \bar{\bar{x}} + E_2 \cdot \overline{R}m$$
$$LM_{\bar{x}} = \bar{\bar{x}}$$
$$LIC_{\bar{x}} = \bar{\bar{x}} - E_2 \cdot \overline{R}m$$

e

$$LSC_{Rm} = D_4 \cdot \overline{R}m$$
$$LM_{Rm} = \overline{R}m$$
$$LIC_{Rm} = D_3 \cdot \overline{R}m$$

6.5.2 Um exemplo

Na fabricação de um certo tipo de medicamento, emprega-se um misturador do tipo duplo-cone. O material resultante é um pó e são geradas cerca de 10 bateladas deste por dia. Os dados na Tab. 11 mostram os resultados quanto ao teor ativo. Sabe-se de longa data que existem diferenças acentuadas entre lotes.

● obtenção de amostras e formação de subgrupos

Como já é sabido da existência de diferenças significativas entre bateladas, então vamos adotar o gráfico para bateladas. Na Tab. 11 também já estão calculadas as médias e amplitudes móveis para o conjunto de dados, adotando m = 2.

● cálculo das estatísticas básicas

Neste tipo de gráfico de controle, deve-se tomar um cuidado especial, já que há k médias, mas somente k − 1 amplitudes móveis. Logo:

$$\bar{\bar{x}} = \frac{\Sigma \bar{x}}{k} = \frac{103,33}{15} = 6,8887 \qquad \overline{R}m = \frac{\Sigma Rm}{k-1} = \frac{0,390}{14} = 0,0279$$

● cálculo dos limites de controle

● para o gráfico Rm

$$LSC_{Rm} = D_4 \cdot \overline{R}m = 3,267 \cdot 0,0279 = 0,0911$$
$$LM_{Rm} = \overline{R}m = 0,0279$$
$$LIC_{Rm} = D_3 \cdot \overline{R}m = nenhum$$

Amostra	Valores		x-barra	Rm
1	6,915 –	6,910	6,9125	–
2	6,855 –	6,840	6,8475	0,0650
3	6,860 –	6,855	6,8575	0,0100
4	6,890 –	6,880	6,8850	0,0275
5	6,870 –	6,880	6,8750	0,0100
6	6,925 –	6,920	6,9225	0,0475
7	6,850 –	6,900	6,8750	0,0475
8	6,900 –	6,900	6,9000	0,0250
9	6,880 –	6,890	6,8850	0,0150
10	6,900 –	6,905	6,9025	0,0175
11	6,865 –	6,880	6,8725	0,0300
12	6,910 –	6,920	6,9150	0,0425
13	6,920 –	6,900	6,9100	00050
14	6,880 –	6,875	6,8775	0,0325
15	6,890 –	6,895	6,8925	0,0150
Total			**103,3300**	**0,3900**

Tabela 11
Teor Ativo

● **para o gráfico x-barra**

$$LSC_{\bar{x}} = \bar{\bar{x}} + E_2 \cdot \overline{Rm} = 6,8887 + 2,660 \cdot 0,279 = 6,9629$$
$$LM_{\bar{x}} = \bar{\bar{x}} = 6,8887$$
$$LIC_{\bar{x}} = \bar{\bar{x}} - E_2 \cdot \overline{Rm} = 6,8887 - 2,660 \cdot 0,0279 = 6,8145$$

● **construção dos gráficos de controle**

A Fig. 11, a seguir, apresenta o gráfico para batelada, ou seja, média (x-barra) e amplitude móvel (Rm).

● **avaliação da estabilidade do processo**

Analisando-se inicialmente o gráfico Rm, percebe-se que este é estável. O gráfico de controle para valores individuais também mostra uma distribuição aleatória (ao acaso) dos pontos em torno da linha média e também deve ser considerado estatisticamente estável.

Figura 11 — Gráficos por bateladas

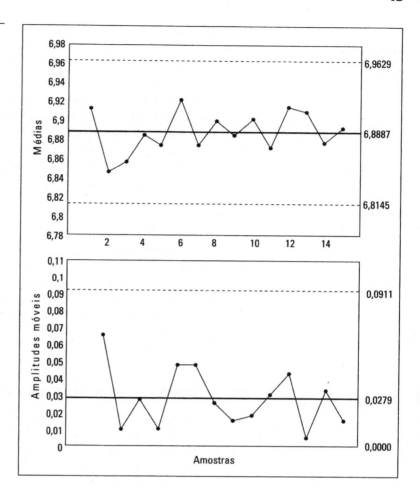

6.6 Gráfico por Grupos

6.6.1 Fundamentos

Há situações, na prática, em que existem vários fluxos de produtos na produção. Este é o caso, por exemplo, de máquinas com múltiplos cabeçotes, normalmente utilizadas para o enchimento de vasilhames ou, então, linhas de processamento de material dispostas em paralelo. Ou seja, onde o mesmo produto é fabricado simultaneamente em diferentes conjuntos de equipamentos.

Um dos princípios básicos da formação de subgrupos recomenda que não se deve misturar produtos provenientes de diferentes fontes (ou fluxos), já que eventuais diferenças entre estes acusarão causas especiais no gráfico de controle, devido ao problema de estratificação.

Conseqüentemente, seria necessário (em teoria) um gráfico de controle separado para cada fluxo de material. Isto geraria, por vezes, uma quantidade absurda de papel, tornando o controle difícil e burocrático.

O gráfico de controle por grupos é uma alternativa a ser perseguida nestas situações, pois permite o controle de múltiplos fluxos através de um único gráfico. Suas fórmulas de cálculo dos limites de controle são idênticas ao dos gráficos da média e amplitude (x-barra e R), mas os dados são agrupados de modo diferente ao que se adota convencionalmente.

6.6.2 Um Exemplo

Em uma empresa, as peças são sinterizadas em fornos contínuos. A cada turno é retirada uma amostra de 6 peças do forno (duas fileiras com três peças cada uma), que são medidas quanto a sua dureza. Como o forno possui resistências elétricas em somente um lado, desconfia-se que possa haver diferenças entre peças processadas na lateral esquerda, lateral direita e parte central da esteira transportadora.

● obtenção de amostras e formação de subgrupos

Uma fonte de variação importante é a eventual diferença entre a dureza de peças processadas em diferentes posições do forno. Assim, este tipo de variação deve ser analisado através do gráfico x-barra, enquanto que os demais tipos de variação são misturados no gráfico da amplitude.

Muito embora a tendência natural de um indivíduo seja calcular média e amplitudes misturando peças de diferentes posições do forno (lado esquerdo, centro e lado direito), esta não é a forma correta de analisar os dados, já que se misturam dentro de uma mesma amostra diferentes fontes de variação.

● amostras iniciais

A Tab. 12 apresenta dados coletados de um mesmo tipo de peça, de produção freqüente, quanto a sua dureza. Uma análise prévia dos dados revela que há uma tendência de que peças produzidas no lado esquerdo do forno apresentem uma dureza superior às produzidas nas demais posições.

● cálculo das estatísticas básicas

Na Tab. 13, os dados foram rearranjados de modo a permitir

6.6 — GRÁFICO POR GRUPOS

47

o cálculo das médias e amplitudes de cada amostra. Percebe-se que cada amplitude calculada deste modo reflete a variação entre duas peças consecutivas no forno (filas A e B), enquanto que cada média representa diferenças entre posições do forno (lado esquerdo, centro e direito). A cada conjunto de valores obtidos (6 no total) em dado turno, dá-se o nome de grupo.

As estatísticas básicas, para os dados agrupados dessa nova maneira, ficam:

$$\bar{\bar{x}} = \frac{\Sigma\bar{x}}{k} = \frac{3972,5}{36} = 110,35 \qquad \bar{R} = \frac{\Sigma R}{k} = \frac{58}{36} = 1,61$$

● cálculo dos limites de controle

● para o gráfico da amplitude (R)

$$LSC_R = D_4 \cdot \bar{R}m = 3,267 \cdot 1,61 = 5,26$$
$$LM_R = \bar{R} = 1,61$$
$$LIC_R = D_3 \cdot \bar{R} = nenhum$$

Tabela 12 Dureza de Peças Sinterizadas	Amostra	Fila	Turno	Esquerdo	Centro	Direito
	1	A	1	115	110	107
		B		116	113	108
	2	A	2	113	109	107
		B		118	110	111
	3	A	1	114	109	108
		B		114	110	110
	4	A	2	114	110	107
		B		115	110	109
	5	A	1	112	108	105
		B		113	107	106
	6	A	2	114	107	106
		B		115	111	104
	7	A	1	112	106	104
		B		112	106	105
	8	A	2	113	109	110
		B		115	108	108
	9	A	1	115	111	109
		B		116	113	109
	10	A	2	113	107	104
		B		113	108	105
	11	A	1	113	110	108
		B		116	108	107
	12	A	2	116	113	113
		B		118	108	110

capítulo 6 — GRÁFICOS DE CONTROLE PARA VARIÁVEIS

Tabela 13
Dados em Grupos

Grupo	Amostra	Posição	Fila A	Fila B	x-barra	R
1	1	E	115	116	115,5	1
	2	C	110	113	111,5	3
	3	D	107	108	107,5	1
2	4	E	113	118	115,5	5
	5	C	109	110	109,5	1
	6	D	107	111	109,0	4
3	7	E	114	114	114,0	0
	8	C	109	110	109,5	1
	9	D	108	110	109,0	2
4	10	E	114	115	114,5	1
	11	C	110	110	110,0	0
	12	D	107	109	108,0	2
5	13	E	112	113	112,5	1
	14	C	108	107	107,5	1
	15	D	105	106	105,5	1
6	16	E	114	115	114,5	1
	17	C	107	111	109,0	4
	18	D	106	104	105,0	2
7	19	E	112	112	112,0	0
	20	C	106	106	106,0	0
	21	D	104	105	104,5	1
8	22	E	113	115	114,0	2
	23	C	109	108	108,4	1
	24	D	110	108	109,0	2
9	25	E	115	116	115,5	1
	26	C	111	113	112,0	2
	27	D	109	109	109,0	0
10	28	E	113	113	113,0	0
	29	C	107	108	107,5	1
	30	D	104	105	104,5	1
11	31	E	113	116	114,5	3
	32	C	110	108	109,0	2
	33	D	108	107	107,5	1
12	34	E	116	118	117,0	2
	35	C	113	108	110,5	5
	36	D	113	110	111,5	3
Total					**3.972,5**	**58**

E - esquerda;
C - centro;
D - direita.

● **para o gráfico da média (x-barra)**

$$\text{LSC}_{\bar{x}} = \bar{\bar{x}} + A_2 \cdot \bar{R} = 110,35 + 1,880 \cdot 1,61 = 113,38$$

$$\text{LM}_{\bar{x}} = \bar{\bar{x}} = 110,35$$

$$\text{LIC}_{\bar{x}} = \bar{\bar{x}} - A_2 \cdot \bar{R} = 110,35 - 1,880 \cdot 1,61 = 107,32$$

6.6 — GRÁFICO POR GRUPOS

Figura 12 —
Gráficos por Grupos

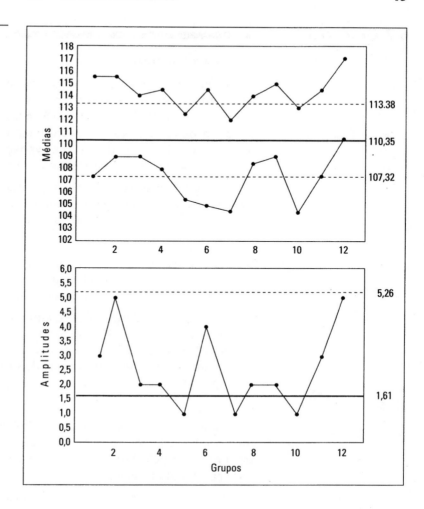

● **construção do gráfico**

Os gráficos são similares aos da média e amplitude; contudo, no gráfico R somente se coloca a maior amplitude de cada grupo e, no gráfico x-barra, são marcadas as maiores e menores médias de cada grupo. A Fig. 12 apresenta os gráficos por grupos com os dados da tabela anterior.

● **análise e interpretação da estabilidade estatística**

Embora o gráfico R seja estável, o x-barra apresenta vários pontos fora dos limites de controle, evidenciando que o processo não é estável e, portanto, que existem diferenças estatisticamente significativas entre um lado e outro do forno.

capítulo 6 — GRÁFICOS DE CONTROLE PARA VARIÁVEIS

6.7 Gráfico 3-D

6.7.1 Fundamentos

Num gráfico convencional para variáveis, os valores de R-barra, s-barra ou Rm-barra determinam a distância em que os limites de controle ficam com relação à linha média no gráfico x-barra. Em outras palavras, a variação dentro da amostra determina o quanto de diferença pode existir na variação entre amostra, antes que esta seja considerada estatisticamente significativa.

Contudo, há situações em que a variação dentro da amostra não serve de boa base para o estabelecimento dos limites de controle de x-barra. Casos onde ocorre isto são:

- na fabricação de lotes em bateladas, em que as diferenças entre lotes são acentuadas em virtude da variação inerente às matérias-primas e não há possibilidade de reduzi-la;

- na fabricação de produtos contínuos (trefilação, extrusão, laminação, etc.) onde a variação transversal à máquina não é uma base adequada para estabelecer a faixa de variação longitudinal à máquina, em virtude de suas naturezas totalmente opostas.

Os gráficos de controle 3-D (três dimensões) são, na verdade, uma combinação dos gráficos x-barra e R com os gráfico x-Rm, de forma que possibilitam o controle de mais de dois tipos de variação simultaneamente.

O gráfico R irá monitorar a variação dentro da amostra. Conseqüentemente:

$$LSC_R = D_4 \cdot \overline{R}$$
$$LM_R = \overline{R}$$
$$LIC_R = D_3 \cdot \overline{R}$$

O gráfico Rm, por sua vez, servirá de base para estabelecer a distância dos limites de controle à linha média, no gráfico x-barra. Portanto:

$$LSC_{Rm} = D_4 \cdot \overline{R}m$$
$$LM_{Rm} = \overline{R}m$$
$$LIC_{Rm} = D_3 \cdot \overline{R}m$$

Finalmente, o gráfico x-barra será calculado através das fórmulas:

$$LSC_x = \overline{\overline{x}} + E_2 \cdot \overline{R}m$$
$$LM_x = \overline{\overline{x}}$$
$$LIC_x = \overline{\overline{x}} - E_2 \cdot \overline{R}m$$

6.7.2 Um Exemplo

Na fabricação de papel, retira-se uma tira ao final de cada bobina. Nesta tira são cortados transversalmente cinco espécimens que têm a sua gramatura determinada. A Tab. 14, adiante, mostra os resultados de um acompanhamento feito em vinte bobinas.

● obtenção de amostras e formação de subgrupos

Como é importante tanto o controle da variação na direção transversal como longitudinal à máquina, o gráfico 3-D é uma boa opção. Se, por exemplo, fossem adotados gráficos x-barra e R, o gráfico R controlaria a variação no sentido transversal à máquina, enquanto que x-barra controlaria a variação no sentido da máquina. Portanto, não faria nenhum sentido utilizar R-barra para determinar o quanto poderia variar x-barra ($A_2 \cdot \overline{R}$).

● amostras iniciais

As amostras obtidas encontram-se na Tab. 14.

● cálculo das estatísticas básicas

As médias, amplitudes e amplitudes móveis já estão calculadas na Tab. 14. Tem-se ainda que:

$$\overline{\overline{x}} = \frac{\Sigma \overline{x}}{k} = \frac{1.399,30}{20} = 69,965 \qquad \overline{R} = \frac{\Sigma R}{k} = \frac{40,5}{20} = 2,03$$

$$\overline{R}m = \frac{\Sigma Rm}{k-1} = \frac{7,58}{19} = 0,40$$

● cálculo dos limites de controle

● para o gráfico R

$$LSC_R = D_4 \cdot \overline{R} = 2,114 \times 2,03 = 4,29$$
$$LM_R = \overline{R} = 2,03$$
$$LIC_R = D_3 \cdot \overline{R} = \text{nenhum}$$

**Tabela 14
Gramaturas
de Bobinas**

BOBINA	VALORES					x-BARRA	R	Rm
	A	B	C	D	E			
1	69,7	69,4	68,7	70,6	70,3	69,74	1,9	–
2	70,7	70,2	70,1	71,7	70,6	70,66	1,6	0,92
3	69,2	70,6	70,5	68,5	69,7	69,70	2,1	0,96
4	70,9	70,8	69,7	68,6	70,0	70,00	2,3	0,30
5	69,2	71,0	70,5	70,2	69,9	70,16	1,8	0,16
6	69,7	69,9	71,0	69,4	69,3	69,86	1,7	0,30
7	67,9	69,0	70,1	68,5	69,2	68,94	2,2	0,92
8	71,4	68,6	69,4	70,7	70,3	70,08	2,8	1,14
9	68,3	70,1	70,2	69,7	69,9	69,64	1,9	0,44
10	69,8	69,0	69,2	69,1	71,1	69,64	2,1	0,00
11	69,1	69,6	71,0	70,8	69,9	70,08	1,9	0,44
12	70,5	71,5	69,1	70,3	69,8	70,24	2,4	0,16
13	70,4	70,3	71,3	70,8	69,6	70,48	1,7	0,24
14	68,7	69,9	69,8	70,3	70,3	69,80	1,6	0,68
15	70,7	68,1	69,9	70,2	70,8	69,94	2,7	0,14
16	69,8	70,1	69,3	69,5	71,2	69,98	1,9	0,04
17	70,7	70,5	70,8	69,3	70,1	70,28	1,5	0,30
18	70,4	70,6	70,9	69,8	69,1	70,16	1,8	0,12
19	70,2	69,6	69,7	69,4	70,7	69,92	1,3	0,24
20	68,5	70,8	69,7	71,8	69,2	70,00	3,3	0,08
Total						1399,30	40,5	7,58

- **para o gráfico Rm**

$$LSC_{Rm} = D_4 \cdot \overline{Rm} = 3,267 \times 0,40 = 1,31$$
$$LM_{Rm} = \overline{Rm} = 0,40$$
$$LIC_{Rm} = D_3 \cdot \overline{Rm} = \text{nenhum}$$

- **para o gráfico x**

$$LSC_x = \overline{\overline{x}} + E_2 \cdot \overline{Rm} = 69,97 + 2,660 \times 0,40 = 71,03$$
$$LM_x = \overline{\overline{x}} = 69,97$$
$$LIC_x = \overline{\overline{x}} - E_2 \cdot \overline{Rm} = 69,97 - 2,660 \times 0,40 = 68,91$$

- **construção dos gráficos de controle**

A Fig. 13 mostra os gráficos de controle 3-D.

- **análise e interpretação dos gráficos**

Pela análise dos gráficos de controle, pode-se perceber que o processo é estável (não há presenças de causas especiais de variação atuando).

6.7 — GRÁFICO 3-D

Figura 13 —
Gráficos 3-D

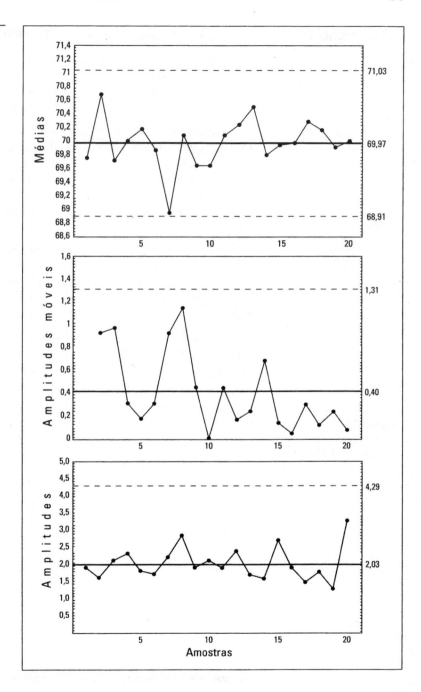

6.8 Seleção do Gráfico de Controle Adequado

Quando se escolhe um gráfico de controle para variáveis, é importante sempre ter-se em mente que a escolha deste depende do tamanho de amostra (n) que se deseja empregar. A Fig. 14, a seguir, mostra um roteiro para uma escolha adequada.

Quando o tamanho da amostra é maior do que um (n > 1) existem duas opções básicas: média e amplitude (x-barra e R) ou média e desvio-padrão (x-barra e s). Contudo, à medida que n aumenta, a amplitude vai se tornando cada vez mais ineficiente para estimar a variabilidade do processo e, por isso, quando n > 10 somente se deve empregar os gráficos da média com o desvio-padrão.

Por outro lado, quando o tamanho da amostra é unitário (n = 1), apenas o gráfico do valor individual com amplitude móvel (x e Rm) ou média móvel com amplitude móvel (xm-barra e Rm) podem ser empregados, normalmente tomando-se as amplitudes móveis dois a dois ou três a três elementos.

Gráficos de controle para bateladas, por grupos ou 3-D são apenas casos particulares dos demais gráficos considerados na figura abaixo e por este motivo não estão representados nesta.

Figura 14 —
Fluxograma para Seleção de Gráfico para Variáveis

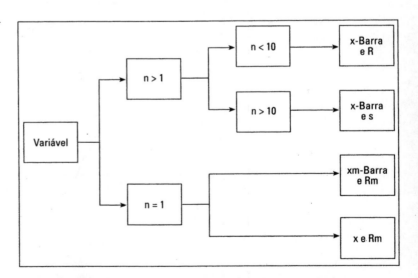

Exercícios de Assimilação

1) Construir gráficos de controle para a média e amplitude dos dados abaixo:

Amostra	Valores
1	35 – 34 – 32 – 36
2	31 – 34 – 29 – 31
3	30 – 32 – 32 – 30
4	33 – 33 – 35 – 32
5	34 – 37 – 34 – 32
6	32 – 31 – 33 – 32
7	33 – 36 – 31 – 32
8	33 – 36 – 36 – 33
9	36 – 35 – 31 – 35
10	35 – 36 – 41 – 36
11	38 – 35 – 38 – 36
12	38 – 39 – 40 – 36
13	40 – 35 – 33 – 36
14	35 – 37 – 33 – 27
15	37 – 33 – 30 – 28
16	31 – 33 – 33 – 33
17	30 – 34 – 34 – 33
18	28 – 29 – 29 – 30
19	27 – 29 – 35 – 32
20	35 – 35 – 36 – 32

2) Idem ao anterior, porém para a média e o desvio-padrão. Há muita diferença entre estes e os anteriores?

56 capítulo 6 — GRÁFICOS DE CONTROLE PARA VARIÁVEIS

3) Construir gráficos para valores individuais e amplitudes móveis com os dados a seguir:

Amostra	x
1	116
2	190
3	136
4	128
5	144
6	110
7	141
8	115
9	145
10	111
11	77
12	147
13	207
14	142
15	68
16	160
17	122
18	153
19	184
20	133
21	173
22	152
23	195
24	99
25	125

4) Resolver o exercício anterior, porém empregando gráficos para médias móveis e amplitudes móveis. Os resultados obtidos são muito distintos em relação aos gráficos para valores individuais e amplitudes móveis?

5) Em uma fábrica de peças moldadas por injeção, há um molde com doze cavidades para a fabricação de copos. Explique como você poderia adotar o gráfico de controle para grupos nesta situação, especificando como as amostras deveriam ser retiradas e os subgrupos racionais formados.

6) Forneça alguns exemplos de situações em que o gráfico 3D pode ser aplicado.

7 GRÁFICOS DE CONTROLE PARA ATRIBUTOS

7.1 Gráfico da Fração Defeituosa (p)

7.1.1 Fundamentos

A fração defeituosa da amostra é definida como sendo a razão entre o número de defeituosos encontrados na amostra (d) e o tamanho da amostra (n):

$$p = \frac{d}{n}$$

A distribuição de probabilidade da fração defeituosa é a binomial. Entretanto, quando os tamanhos de amostras forem suficientemente grandes para atenderem às restrições:

$$n \cdot \overline{p} > 5 \ \text{ e } \ n \cdot (1 - \overline{p}) > 5$$

com

$$\overline{p} = \frac{\Sigma\, d_i}{\Sigma\, n_i}$$

então, no lugar da distribuição binomial, pode-se utilizar a distribuição normal (aproximação da binomial pela normal). Neste caso, os limites de controle estabelecidos em $\pm 3 \cdot \sigma$ continuam válidos e, para a fração defeituosa, ficam:

$$\mu(p) \pm 3 \cdot \sigma(p)$$

capítulo 7 — GRÁFICOS PARA CONTROLE DE ATRIBUTOS

Como não são conhecidos $\mu(p)$ e $\sigma(p)$, então estes são estimados a partir dos dados das amostras, passando a ser:

$$LSC_p = \bar{p} + 3 \cdot \sqrt{\frac{\bar{p} \cdot (1 - \bar{p})}{n}}$$

$$LM_p = \bar{p}$$

$$LIC_p = \bar{p} - 3 \cdot \sqrt{\frac{\bar{p} \cdot (1 - \bar{p})}{n}}$$

7.1.2 Um Exemplo

Numa indústria farmacêutica, diariamente são obtidas amostras de produtos acabados que são examinados quanto a erros de embalagem (falta de bula, falta de código de lote, falta de prazo de validade, falta de rótulo, manchas de impressão, etc.).

● coleta de amostras e formação de subgrupos

Cada amostra deve representar adequadamente um dia de produção e, portanto, deve ser obtida ao longo de todo o período. Como cada frasco é classificado em bom ou ruim (com ou sem erros) o gráfico p é uma solução.

Esse gráfico apresentará a variação entre dias de produção, dando uma idéia de como o desempenho do processo se altera ao longo do tempo.

● amostras iniciais

Como não havia idéia de qual a proporção defeituosa média deste processo, optou-se por tomar amostras de 200 itens. A Tab. 15 apresenta os dados obtidos ao longo de 15 dias.

● cálculo das estatísticas básicas

As frações defeituosas correspondentes a cada dia encontram-se calculadas na própria Tab. 15. A média global, neste caso, é igual a 0,111 (333/3000).

7.1 — GRÁFICO DA FRAÇÃO DEFEITUOSA (p)

Tabela 15
Processo de Embalagem de Frascos

Dia	Verificados	Com Erros	p
1	200	22	0,110
2	200	25	0,125
3	200	17	0,085
4	200	18	0,090
5	200	37	0,185
6	200	29	0,145
7	200	21	0,105
8	200	17	0,085
9	200	20	0,100
10	200	25	0,125
11	200	8	0,040
12	200	24	0,120
13	200	29	0,145
14	200	18	0,090
15	200	22	0,110
Total	**3.000**	**333**	

- **cálculo dos limites de controle**

$$LSC_p = \bar{p} + 3 \cdot \sqrt{\frac{\bar{p} \cdot (1-\bar{p})}{n}} = 0,111 + 3 \cdot \sqrt{\frac{0,111 \cdot (1-0,111)}{200}} = 0,1776$$

$$LM_p = \bar{p} = 0,111$$

$$LIC_p = \bar{p} - 3 \cdot \sqrt{\frac{\bar{p} \cdot (1-\bar{p})}{n}} = 0,111 - 3 \cdot \sqrt{\frac{0,111 \cdot (1-0,111)}{200}} = 0,0444$$

- **construção do gráfico de controle**

Na Fig. 15 está o gráfico da fração defeituosa (p).

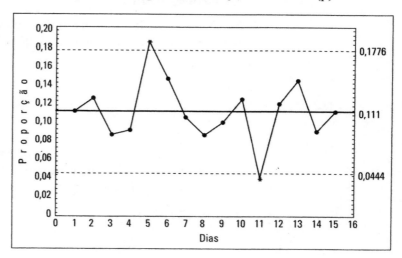

Figura 15 — Gráfico da fração defeituosa (p)

● análise e interpretação do gráfico

Pode-se verificar que há duas causas especiais de variação atuando no processo: uma no dia 5 e outra, no dia 11.

7.2 Gráfico do Número de Defeituosos na Amostra (np)▬▬▬

7.2.1 Fundamentos

Este gráfico é similar ao anterior, com a diferença de que se deseja marcar o número de defeituosos encontrados na amostra. As restrições de 7.1.1. também valem. Seus limites de controle são:

$$LSC_{np} = n \cdot \overline{p} + 3 \cdot \sqrt{n \cdot \overline{p} \cdot (1 - \overline{p})}$$
$$LM_{np} = n \cdot \overline{p}$$
$$LIC_{np} = n \cdot \overline{p} - 3 \cdot \sqrt{n \cdot \overline{p} \cdot (1 - \overline{p})}$$

7.2.2 Um Exemplo

Como a aplicação deste gráfico é similar à do gráfico p, fica a cargo do leitor resolver o exercício em 7.1.2 através das fórmulas da seção anterior.

7.3 Gráfico do Número de Defeitos na Amostra (c)

7.3.1 Fundamentos

A distribuição de probabilidade do número de defeitos na amostra é a de Poisson. Entretanto, quando:

$$\overline{c} > 5$$

com

$$\overline{c} = \frac{\Sigma c_i}{k}$$

onde k = quantidade total de amostras, então, no lugar da distribuição de Poisson, pode-se utilizar a distribuição normal. Neste caso, os limites de controle ficam:

$$\mu(c) \pm 3 \cdot \sigma(c)$$

como $\mu(c)$ e $\sigma(c)$ são desconhecidos, resulta

$$LSC_c = \bar{c} + 3 \cdot \sqrt{\bar{c}}$$
$$LM_c = \bar{c}$$
$$LIC_c = \bar{c} - 3 \cdot \sqrt{\bar{c}}$$

7.3.2 Um Exemplo

Na fabricação de celulose microcristalina em pó, de cada lote produzido é extraída uma amostra de 30 gramas e contado o número de pontos pretos nesta existentes. A Tab. 16 mostra os resultados do acompanhamento de 30 lotes deste produto.

● coleta de amostras e formação de subgrupos

Por se tratar de contagem de pontos pretos, em amostras de tamanho constante (30 gramas), pode-se empregar o gráfico c.

● amostras iniciais

Os valores coletados do processo estão na Tab. 16, apresentada abaixo.

Tabela 16 Pontos Pretos	Lote	Pontos	Lote	Pontos
	1	8	16	16
	2	12	17	15
	3	56	18	6
	4	14	19	23
	5	10	20	21
	6	12	21	36
	7	8	22	20
	8	10	23	21
	9	28	24	35
	10	20	25	31
	11	10	26	28
	12	8	27	10
	13	12	28	8
	14	35	29	12
	15	20	30	10

- **cálculo das estatísticas básicas**

$$\bar{c} = \frac{\Sigma c_i}{k} = \frac{555}{30} = 18,5$$

- **cálculo dos limites de controle**

$$LSC_c = \bar{c} + 3 \cdot \sqrt{\bar{c}} = 18,5 + 3 \cdot \sqrt{18,5} = 31,4$$
$$LM_c = \bar{c} = 18,5$$
$$LIC_c = \bar{c} - 3 \cdot \sqrt{\bar{c}} = 18,5 - 3 \cdot \sqrt{18,5} = 5,6$$

- **construção do gráfico de controle**

Na Fig. 16 é apresentado o gráfico c para a quantidade de pontos pretos.

- **análise e interpretação da estabilidade do processo**

Diversos pontos encontram-se acima do limite superior de controle, indicando que o processo é instável.

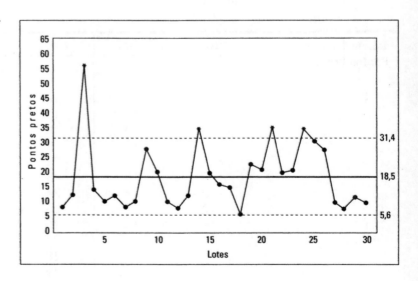

Figura 16 — Gráfico do número de defeitos na amostra (c)

7.4 Gráfico do Número de Defeitos por Unidade de Inspeção (u) ▬▬

7.4.1 Fundamentos

O número de defeitos por unidade de inspeção (u) é definido como sendo a razão entre o número de defeitos na amostra (c) e o tamanho da unidade de inspeção (n), ou seja:

$$u = \frac{c}{n}$$

Por unidade de inspeção se entende uma certa quantidade de itens, comprimento, volume, tempo, etc. tomada como adequada para a finalidade de inspeção. É fácil perceber-se que:

$$\bar{u} = \frac{\bar{c}}{n}$$

Os limites de controle, neste caso, ficam:

$$LSC_u = \bar{u} + 3 \cdot \sqrt{\frac{\bar{u}}{n}}$$

$$LM_u = \bar{u}$$

$$LIC_u = \bar{u} - 3 \cdot \sqrt{\frac{\bar{u}}{n}}$$

7.4.2 Um Exemplo

No exemplo anterior, dos pontos pretos, foi estabelecido um gráfico c, pois o tamanho da amostra era constante e igual a 30 g. Imaginemos agora, que, por razões de economia, a empresa decidiu reduzir o tamanho da amostra para 15 g.

Pode-se dizer que se originalmente se tinha uma unidade de inspeção (UI), então agora há somente meia UI, ou seja, se 30 g = 1 UI $\Rightarrow$ 15 g = 0,5 UI

Equivalentemente, pode-se também dizer que antes n = 1 e agora n = 0,5. Logo, os novos limites de controle (com a mudança de n) ficam:

$$LSC_u = \bar{u} + 3 \cdot \sqrt{\frac{\bar{u}}{n}} = 18,5 + 3 \cdot \sqrt{\frac{18,5}{0,5}} = 36,7$$

$$LM_u = \bar{u} = 18,5$$

$$LIC_u = \bar{u} - 3 \cdot \sqrt{\frac{\bar{u}}{n}} = 18,5 - 3 \cdot \sqrt{\frac{18,5}{0,5}} = 0,3$$

7.5 Tamanhos Mínimos de Amostras

Quando se trabalha com atributos, é necessário garantir que as amostras tenham tamanhos mínimos para que haja oportunidade do aparecimento dos problemas. Em outras palavras, amostras muito pequenas fazem com que os gráficos de controle se tornem totalmente ineficazes, como o apresentado na Fig. 17.

Qual é o problema deste gráfico? Muito simples. Foram adotadas amostras de tamanho 3 (n = 3), o que faz com que o gráfico apareça de modo muito estranho, pois, por diversas vezes, pode-se observar que não foi encontrado um único defeituoso na amostra, daí a grande quantidade de valores zero.

7.5.1 Gráficos por Classificação (p ou np)

Para estes gráficos serem eficazes, deve-se ter:

$n \cdot \bar{p} \geq 5$

$n \cdot (1 - \bar{p}) \geq 5$

7.5.2 Gráficos por Contagem (c ou u)

Para estes gráficos serem eficazes, deve-se ter $\bar{c} > 5$.

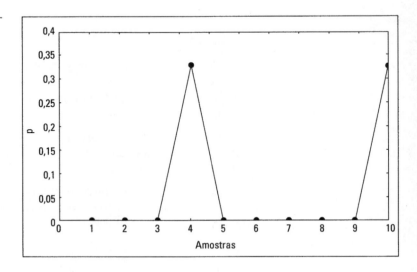

Figura 17 — Um gráfico com problema de pequenas amostras

7.6 Seleção do Gráfico de Controle Adequado

Assim como para variáveis, também é muito importante selecionar o tipo de gráfico de controle adequado para atributos. Esta escolha é feita em função de dois itens: a categoria de gráfico (classificação ou contagem) e o tamanho da amostra (fixo ou variável).

A Fig. 18 apresenta um fluxograma para a seleção do gráfico: p, np, c ou u.

Figura 18 —
Fluxograma para Seleção de Gráfico para Atributos

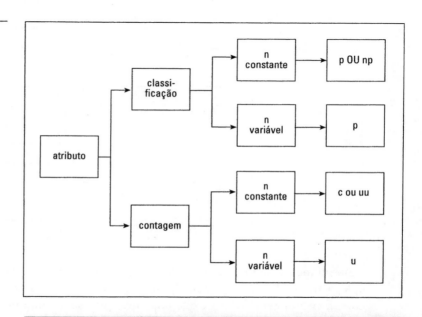

Exercícios de Assimilação

1) Na área de embalagem de um certo produto, a cada turno de trabalho é retirada uma amostra de 150 unidades e examinada quanto à existência de eventuais problemas. Os dados dos primeiros 10 dias estão apresentados a seguir. Como se manteve o processo ao longo deste período?

Amostra	d	Amostra	d
1	12	16	15
2	15	17	12
3	9	18	7
4	9	19	13
5	13	20	16
6	4	21	9
7	7	22	11
8	18	23	14
9	10	24	20
10	12	25	15
11	20	26	18
12	13	27	5
13	18	28	9
14	14	29	12
15	9	30	13

2) Uma equipe de melhoria da qualidade está atuando sobre este processo de embalagem e, a partir do 10.º dia, realizou algumas modificações nos procedimentos operacionais. Existem evidências de que tais alterações surtiram efeito?

Amostra	d	Amostra	d
31	8	40	10
32	4	41	5
33	7	42	4
34	11	43	6
35	6	44	8
36	8	45	2
37	2	46	8
38	5	47	9
39	9	48	6

EXERCÍCIOS DE ASSIMILAÇÃO

3) Na fabricação de um certo produto químico, de hora em hora é retirada uma amostra de 1 litro e contada a quantidade de partículas em suspensão. Os dados abaixo se referem à produção ao longo de um dia. O processo é estável?

Amostra	c	Amostra	c
1	10	13	17
2	15	14	13
3	31	15	24
4	18	16	12
5	26	17	21
6	12	18	30
7	25	19	12
8	15	20	5
9	8	21	10
10	9	22	17
11	6	23	22
12	18	24	19

INTERPRETAÇÃO DA ESTABILIDADE DO PROCESSO

A análise dos gráficos de controle permite que se determine se um dado processo é estável, ou seja, se não há presença de causas especiais de variação atuando. Para um processo ser considerado estatisticamente estável, os pontos nos gráficos de controle devem distribuir-se aleatoriamente em torno da linha média, sem que haja padrões estranhos do tipo:

a) tendências crescentes ou decrescentes;

b) ciclos;

c) estratificações ou misturas;

d) pontos fora dos limites de controle.

A Fig. 19 mostra algumas situações onde há causas especiais presentes.

8.1 Testes de Não-Aleatoriedade

Testes de não-aleatoriedade servem para verificar se um determinado processo pode ser considerado como sujeito somente à ação de causas comuns de variação, situação em que o mesmo é dito estável (sob controle ou previsível), ou se os pontos do gráfico de controle apresentam alguma configuração estranha.

Por vezes, mesmo que todos os pontos do gráfico estejam dentro dos limites de controle, isso não significa, necessariamente, que não haja causas especiais atuando. Portanto, é extremamente importante conhecer os testes que avaliam a estabilidade estatística do processo.

Figura 19 — Alguns exemplos de causas especiais

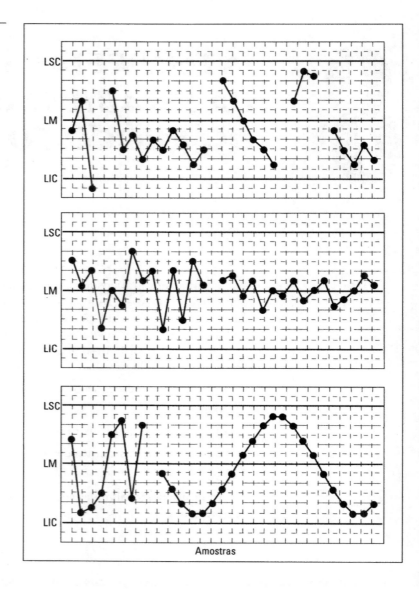

Os testes apresentados a seguir podem ser aplicados a qualquer gráfico de média (x-barra) e valor individual (x). Para os demais casos, não se recomenda a sua aplicação, já que estes critérios foram baseados na distribuição normal. A Fig. 20 apresenta um gráfico de controle estilizado, mostrando as zonas para aplicação destes testes.

A Tab. 17 traz os testes e critérios para aplicação de tais testes.

Figura 20 —
Testes de Não-Aleatoriedade

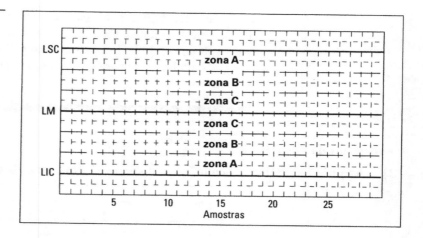

8.2 Uma Palavra para o Devido Cuidado

Não existem testes que possibilitem a detecção de toda e qualquer causa especial. Esta é função da experiência e dos olhos de quem analisa o gráfico de controle. Assim, sempre é possível que ocorram discussões entre os profissionais quando da decisão sobre se uma seqüência de pontos deve ou não ser considerada como uma causa especial.

Tabela 17
Testes de Não-Aleatoriedade

Teste	Critério
1. Ponto fora dos limites de controle	• Um único ponto acima do LSC ou abaixo do LIC
2. Presença de ciclos ou tendências	• Seis pontos consecutivos aumentando ou diminuindo • Pontos oscilando para cima e para baixo, formando ciclos
3. Estratificação ou falta de variabilidade	• Quinze pontos consecutivos na zona C • Quatorze pontos consecutivos se alternando para cima e para baixo
4. Seqüência de pontos próximos dos limites de controle	• Oito pontos consecutivos fora da zona A • Dois em três pontos consecutivos na zona A • Quatro em cinco pontos consecutivos fora da zona C
5. Seqüência de pontos do mesmo lado da linha média	• Nove pontos consecutivos do mesmo lado da linha média

Entretanto, provavelmente é melhor buscar uma causa especial, mesmo que se trate de um falso alarme, do que deixá-la passar desapercebida. Em outras palavras, recomenda-se que, em caso de dúvida, se aja para identificar a razão pela qual o processo saiu de controle.

Exercícios de Assimilação

1) Analisar os gráficos a seguir, dizendo onde há evidências de causas especiais:

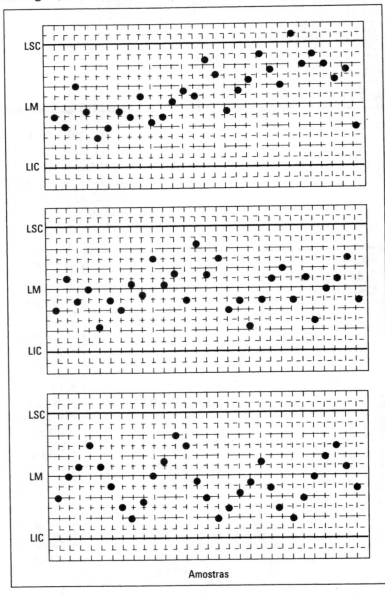

EXERCÍCIOS DE ASSIMILAÇÃO

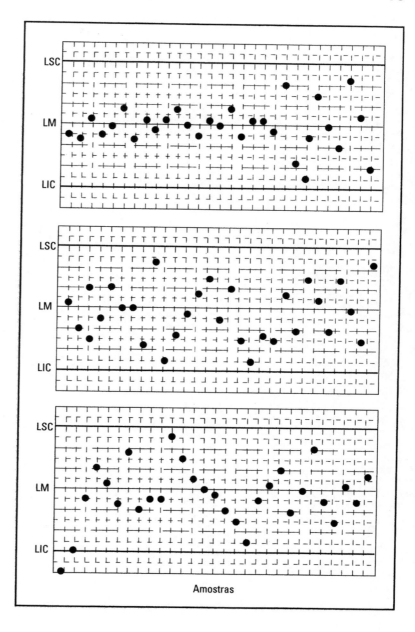

9 AUTOCORRELAÇÃO

9.1 Como Surge a Autocorrelação

Nos dias de hoje, o fenômeno de autocorrelação tem sido encontrado em um número cada vez maior de processos. A autocorrelação nada mais é do que um mecanismo existente no processo, que faz com que os dados não sejam mais independentes entre si ao longo do tempo.

Seja, por exemplo, uma caixa que contenha uma certa quantidade de bolas de duas cores: amarelas e azuis. Se forem retiradas duas bolas desta caixa, sem reposição (sem devolução à caixa após sua extração), a chance de a segunda bola possuir cor diferente da primeira depende do resultado da primeira extração. A isto chama-se em Estatística de dependência.

Analogamente, seja um tanque onde um certo produto químico é mantido armazenado, conforme mostra a Fig. 21. O tanque possui agitação contínua e há um duto na parte superior (entrada) e outro, na parte inferior (saída). Se, no instante $t = 0$, o tanque está vazio e nele for despejada uma certa quantidade (um lote) de produto (q_0), então a viscosidade do tanque será igual à própria viscosidade do lote do produto (v_0). Todavia, se após um certo tempo for despejado um novo lote de produto no tanque (q_1), a nova viscosidade do tanque não mais será a viscosidade do novo lote, mas dependerá da quantidade de produto deste novo lote (q_1) e de sua viscosidade (v_1), bem como da quantidade que restou do lote anterior no tanque (q_0') e de sua viscosidade v_0.

Conseqüentemente, se fossem realizadas leituras das viscosidades no tanque a cada adição de um novo lote, perceber-se-ia que os valores destas leituras não mais seriam estatisticamente independentes, ou seja, estariam autocorrelacionados, em virtude da forma pela qual os lotes são compostos.

Figura 21 — Tanque de Armazenamento de Produto

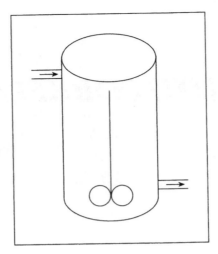

9.2 Identificação da Autocorrelação

9.2.1 Coeficiente de Autocorrelação

Para se medir o grau e a intensidade da autocorrelação existente entre dados, usualmente utiliza-se o coeficiente de autocorrelação, definido como:

$$\rho_L = \frac{COV(x_t, x_{t-L})}{\sigma^2(x_t)} \qquad L = 1, 2, 3, \ldots, k$$

onde, L é o retardo (do inglês, *lag*) existente entre os dados no cálculo de ρ_L, COV (x_t, x_{t-L}) é a covariância, $\sigma^2(x_t)$ é a variância populacional e k é a quantidade total de amostras.

Entretanto, na prática ρ_L é estimado pelo coeficiente de autocorrelação amostral, chamado de r_L, e calculado através de:

$$r_L = \frac{\Sigma(x_i - \overline{x})(x_{i+L} - \overline{x})}{\Sigma(x_i - \overline{x})^2} \qquad L = 1, 2, 3, \ldots, k$$

Os valores de r_L estão sempre entre -1 e $+1$ (inclusive) e quanto maior o seu valor em módulo, maior a possibilidade de existência de autocorrelação entre os dados.

9.2.2 Função de Autocorrelação

A função de autocorrelação (FAC) nada mais é do que a representação gráfica do coeficiente de autocorrelação em função dos diversos retardos L que podem ser atribuídos aos dados. A Fig. 22 apresenta um exemplo deste tipo de função.

No eixo horizontal são colocadas barras cuja altura é igual ao valor do coeficiente de autocorrelação, enquanto que, no eixo vertical, estão seus respectivos retardos.

Esta função permite que se entenda melhor o comportamento da dependência estatística entre os dados e, posteriormente, será útil quando da determinação de qual série temporal utilizar para o modelamento do processo.

9.3 Avaliação da Autocorrelação

Para se determinar se a autocorrelação é significativa ou não, pode ser feito um teste muito simples que consiste em calcular a seguinte quantidade:

$$e = \frac{2}{\sqrt{k}}$$

onde k é o número total de dados empregados no cálculo de r_L

Se algum coeficiente de autocorrelação superar o valor ± e, então a autocorrelação é significativa.

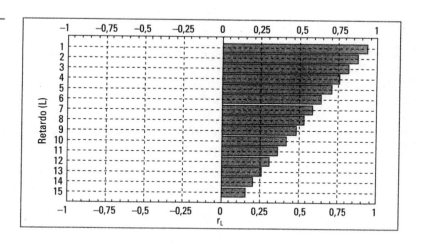

Figura 22 — *Função de Autocorrelação (FAC)*

9.4 Gráficos de Controle na Presença de Autocorrelação

Quando há presença de autocorrelação entre dados, os limites de controle obtidos através das fórmulas do CEP convencional devem ser calculados de modo diferente, se não o gráfico irá apontar causas especiais indevidamente, ou seja, fornecerá alarmes falsos.

No caso de variáveis, somente podem ser empregados gráficos de média e amplitude (x-barra e R) ou, de valor individual e amplitude móvel (x e Rm), já que os demais são profundamente afetados quanto ao seu desempenho na presença de autocorrelação.

9.4.1 Gráficos da Média e Amplitude

Os limites de controle para média, ajustados em função da autocorrelação, ficam:

$$LSC_{\bar{x}} = \bar{\bar{x}} + 3 \cdot \frac{s_{\bar{x}}}{c_4^*}$$

$$LM_{\bar{x}} = \bar{\bar{x}}$$

$$LIC_{\bar{x}} = \bar{\bar{x}} - 3 \cdot \frac{s_{\bar{x}}}{c_4^*}$$

onde $s_{\bar{x}}$ é o desvio-padrão das médias calculado mediante:

$$s_{\bar{x}} = \sqrt{\frac{\Sigma(\bar{x} - \bar{\bar{x}})^2}{k-1}}$$

e c_4^* é o próprio fator de correção c_4, do Anexo A, porém baseado na quantidade de amostras (k), e não no tamanho da amostra (n).

Os limites de controle do gráfico da amplitude permanecem iguais aos do caso convencional, ou seja:

$$LSC_R = D_4 \cdot \bar{R}$$

$$LM_R = \bar{R}$$

$$LIC_R = D_3 \cdot \bar{R}$$

9.4.2 Gráficos para Valor Individual e Amplitude Móvel

Os limites de controle para valor individual, ajustados em função da autocorrelação, ficam:

$$LSC_x = \bar{x} + 3 \cdot \frac{s_x}{c_4^*}$$

$$LM_x = \bar{x}$$

$$LIC_x = \bar{x} - 3 \cdot \frac{s_x}{c_4^*}$$

onde s_x é o desvio-padrão dos valores individuais, calculado como:

$$s_x = \sqrt{\frac{\Sigma(x_i - \bar{x})^2}{k-1}}$$

Os limites de controle do gráfico da amplitude móvel não se modificam.

9.5 Avaliação da Estabilidade Estatística do Processo

Quando o fenômeno de autocorrelação ocorre, os testes de não-aleatoriedade vistos anteriormente não mais são válidos. Somente pode-se aplicar o teste de ponto fora dos limites de controle para avaliar a estabilidade do processo.

Outra curiosidade é que não mais é necessário avaliar primeiramente o gráfico da dispersão (R ou Rm, no caso) antes do gráfico da média, já que os limites de controle deste último não mais dependem de R-barra ou Rm-barra.

9.6 Um Exemplo

Os dados na Tab. 18 são teores de carbonato de cálcio de um certo tipo de produto, obtidos através de medições efetuadas em um tanque, de meia em meia hora.

Como se trata de amostras individuais ($n = 1$), aparentemente a escolha da utilização de gráficos do tipo x-Rm parece ser correta. A Fig. 23 mostra estes gráficos. Pode-se verificar um comportamento por demais errático do processo, e, o pior, sem aparente explicação lógica do ponto de vista físico.

Tabela 18
Teores
de Carbonato
de Cálcio

Amostra	Valor	Amostra	Valor	Amostra	Valor
1	0,044	21	0,033	41	0,041
2	0,036	22	0,037	42	0,040
3	0,034	23	0,040	43	0,040
4	0,036	24	0,037	44	0,041
5	0,031	25	0,037	45	0,043
6	0,036	26	0,035	46	0,042
7	0,034	27	0,035	47	0,044
8	0,039	28	0,034	48	0,041
9	0,043	29	0,036	49	0,038
10	0,041	30	0,032	50	0,039
11	0,047	31	0,030	51	0,039
12	0,048	32	0,031	52	0,039
13	0,041	33	0,034	53	0,039
14	0,036	34	0,033	54	0,041
15	0,036	35	0,034	55	0,042
16	0,030	36	0,039	56	0,038
17	0,032	37	0,043	57	0,035
18	0,034	38	0,039	58	0,034
19	0,034	39	0,040	59	0,033
20	0,035	40	0,038	60	0,035

Contudo, ao se levantar a função de autocorrelação entre amostras (veja Fig. 24), verifica-se que ela existe e, portanto, isto justifica em parte a existência de tantos pontos fora dos limites de controle, conforme mostra a Fig. 23.

Os limites de controle para o gráfico Rm não se modificam com a presença da autocorrelação. Os limites para o gráfico x devem ser recalculados e ficam:

$$LSC_x = \bar{x} + 3 \cdot \frac{s_x}{c_4^*} = 0,0375 + 3 \times 0,0041 = 0,0498$$

$$LM_x = \bar{x} = 0,0475$$

$$LIC_x = \bar{x} - 3 \cdot \frac{s_x}{c_4^*} = 0,0375 - 3 \times 0,0041 = 0,0252$$

pois $c_4^* \cong 1$ quando $k > 10$, e

$$s_x = \sqrt{\frac{\Sigma(x_i - \bar{x})^2}{k - 1}} = \sqrt{\frac{(x_i - 0,0375)^2}{59}} = 0,0041$$

9.5 — AVALIAÇÃO DA ESTABILIDADE ESTATÍSTICA DO PROCESSO

Figura 23 —
Gráficos de Controle x-Rm

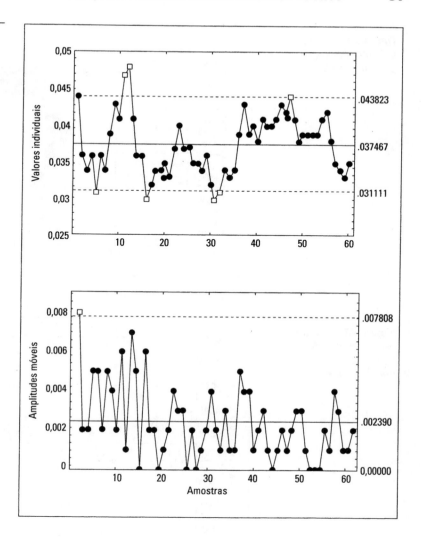

O novo gráfico de x, com limites recalculados, é mostrado na Fig. 25. O resultado pode, à primeira vista, surpreender: o processo é estável. Isto mostra que na presença de autocorrelação, os limites de controle não podem ser calculados do modo convencional ou, então, apontarão erroneamente causas especiais.

Figura 24 — Função de Autocorrelação para Teor de CaCO$_3$

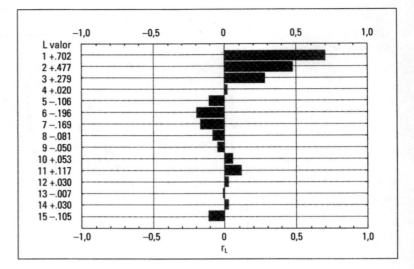

Figura 25 — Gráfico x com limites de controle recalculados

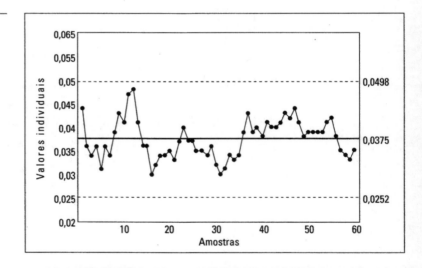

Exercícios de Assimilação

1) Os dados abaixo foram obtidos em uma indústria petroquímica, e referem-se ao teor de parafina extraída do querosene:

Amostra	x	Amostra	x	Amostra	x
1	28,1	16	28,2	31	27,7
2	28,1	17	27,9	32	27,7
3	28,0	18	27,8	33	27,6
4	27,9	19	27,7	34	27,8
5	27,7	20	27,7	35	27,9
6	27,2	21	27,7	36	28,0
7	27,7	22	27,8	37	28,1
8	27,7	23	27,9	38	28,0
9	27,7	24	28,0	39	27,9
10	27,9	25	28,2	40	27,8
11	28,0	26	28,3	41	27,9
12	28,2	27	28,2	42	27,9
13	28,1	28	28,0	43	27,8
14	28,4	29	27,9	44	27,7
15	28,3	30	27,9	45	27,9

a) As amostras encontram-se autocorrelacionadas?

b) Construir um gráfico apropriado para estes dados.

c) O processo é estável?

2) Por que a autocorrelação surge em processos contínuos? Qual é o seu impacto sobre os gráficos de controle?

3) Quais os processos que, na sua empresa, podem apresentar o fenômeno de autocorrelação?

4) Em um processo que apresenta dados autocorrelacionados, por falta de conhecimento, foram adotados gráficos de controle do tipo x-barra e R convencionais. Que tipos de problemas devem ser esperados?

10 CAPACIDADE DO PROCESSO

Os estudos de capacidade têm por objetivo verificar se um dado processo atende ou não às especificações de engenharia (do produto). Esta análise costuma ser realizada através do cálculo e interpretação de índices específicos para tal finalidade.

Na realização dos estudos de capacidade, dois cuidados devem ser tomados para que os resultados obtidos tenham sentido: o processo deve ser estável (ausência de causas especiais de variação) e os valores individuais devem seguir a distribuição normal.

Se o processo não for estável, não há sentido em se verificar a sua capacidade pois o mesmo não será previsível quanto ao seu comportamento e, conseqüentemente, não se pode analisar o atendimento às especificações de engenharia com base nas amostras fornecidas por este.

Se a distribuição dos valores individuais do processo não for normal, os índices de capacidade (que serão discutidos a seguir) poderão fornecer interpretações errôneas, já que esta é a distribuição assumida no seu cálculo.

10.1 Testes para Distribuição Normal

10.1.1 Papel de Probabilidade Normal

Existem diversas formas de se avaliar se os valores individuais de um processo obedecem (ou aderem) a uma distribuição normal: são os chamados testes de aderência. Contudo, uma das formas mais interessantes de se fazer esta avaliação é mediante o uso do papel de probabilidade normal (PPN), já que é um método gráfico simples mas eficaz.

capítulo 10 — CAPACIDADE DO PROCESSO

Sua idéia consiste em calcular as freqüências relativas (ou porcentagens) acumuladas dos dados e marcá-las no PPN. Se os pontos ficarem aproximadamente alinhados segundo uma linha reta, então pode-se admitir que a distribuição normal é válida para representar a variabilidade do processo.

Seja, por exemplo, o seguinte conjunto de valores agrupados em classes de freqüência, conforme mostra a Tab. 19.

No PPN, no eixo das abscissas (x), marcam-se os limites de cada classe, e, no eixo das ordenadas (y), as porcentagens acumuladas, com exceção do primeiro valor (0) e do último (100).

A Fig. 26 apresenta o PPN com os valores nele marcados. Pode-se observar que os pontos estão razoavelmente alinhados.

Tabela 19
Valores em Classes

CLASSE	%	% ACUMULADA
< 950	0	0
$950 \leq x < 955$	5	5
$955 \leq x < 960$	23	28
$960 \leq x < 965$	36	64
$965 \leq x < 970$	27	91
$970 \leq x < 975$	8	99
$975 \leq x < 980$	1	100
Total	**100**	

Figura 26 —
Papel de Probabilidade Normal

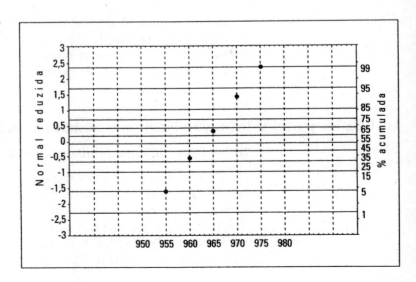

10.1.2 Teste de Anderson Darling

Nem sempre o papel de probabilidade normal será conclusivo quanto à adequação da distribuição normal para representar a variabilidade do processo. Nesta situação, será necessário recorrer-se a testes mais complexos, mas também mais poderosos. Para o caso da distribuição normal, um destes testes é o de Anderson-Darling.

Ele consiste no cálculo da quantidade:

$$A^* = A^2 \cdot \left(1,0 + \frac{0,75}{n} + \frac{2,25}{n^2}\right)$$

onde, n é a quantidade total de dados e

$$A^2 = -\sum_{i=1}^{n}\left[(2 \cdot i - 1) \cdot \frac{\ln F_X(x_i) + \ln(1 - F_X(x_{n+1-i}))}{n}\right] - n$$

onde $F_X(x_i)$ é a função de distribuição acumulada, ou seja, $P(X \le x_i)$.

Se A^* for superior a 0,752 (nível de significância de 5%), então pode-se afirmar que a distribuição normal não representa satisfatoriamente a variabilidade dos dados.

A Tab. 20 apresenta um conjunto de dados (n = 10), ao qual foi aplicado o teste de Anderson-Darling. Para este resulta que:

$$\bar{x} = 98,414 \qquad e \qquad s = 8,27685$$

fazendo-se

$$z_i = \frac{x_i - \bar{x}}{s}$$

então, tem-se que:

$$A^2 = 0,18051 \qquad e \qquad A^* = 0,19811$$

e, portanto, aceita-se que a distribuição normal é satisfatória.

10.2 Índices de Capacidade: Cp e Cpk ■■■■■■■■

Dois índices são mais freqüentemente empregados nos estudos de capacidade: Cp e Cpk.

10.2.1 Índice Cp

Este índice é definido como sendo a razão entre a tolerância de engenharia e a dispersão total do processo.

Tabela 20	i	x_i	z_i	$F_X(x)$	$1-F_X(x)$	$(2i-1)[...]$
Teste de Anderson-Darling	1	84,27	−1,71	0,0436	0,9564	−0,65685
	2	90,87	−0,91	0,1814	0,9196	−1,07355
	3	92,55	−0,71	0,2389	0,7611	−1,23792
	4	96,20	−0,27	0,3936	0,6064	−1,28506
	5	98,70	0,03	0,5120	0,4880	−1,27800
	6	98,98	0,07	0,5279	0,4721	−1,49192
	7	100,42	0,24	0,5948	0,4052	−1,32567
	8	101,58	0,38	0,6480	0,3520	−1,06028
	9	106,82	1,02	0,8461	0,1539	−0,62437
	10	113,75	1,85	0,9678	0,0322	−0,14689
	TOTAL					**−10,18051**

Numericamente:

$$Cp = \frac{TOL}{6 \cdot \sigma} = \frac{LSE - LIE}{6 \cdot \sigma}$$

onde LSE e LIE são os limites superior e inferior da especificação de engenharia, respectivamente.

Como o desvio-padrão do processo é desconhecido, então utiliza-se R-barra ou s-barra com seus fatores de correção d_2 e c_4, respectivamente. Assim:

$$Cp = \frac{LSE - LIE}{6 \cdot \dfrac{\overline{R}}{d_2}} = \frac{LSE - LIE}{6 \cdot \dfrac{\overline{s}}{c_4}}$$

O índice Cp compara a variação (dispersão) total permitida pela especificação com a variação consumida pelo processo. Evidentemente que se $Cp > 1$, isto indica que o processo é capaz de atender à especificação. Alguns autores preferem utilizar 8 no denominador ao invés de 6, neste índice. A idéia é dar uma margem de segurança maior, já que, mesmo estável, podem ocorrer pequenas alterações em σ.

10.2.2 Índice Cpk

O índice é definido como sendo o menor valor entre Cpi e Cps, ou seja:

Cpk = min [Cpi, Cps]

com

$$Cpi = \frac{\overline{\overline{x}} - LIE}{3 \cdot \dfrac{\overline{R}}{d_2}} = \frac{\overline{\overline{x}} - LIE}{3 \cdot \dfrac{\overline{s}}{c_4}}$$

e

$$Cps = \frac{LSE - \overline{\overline{x}}}{3 \cdot \dfrac{\overline{R}}{d_2}} = \frac{LSE - \overline{\overline{x}}}{3 \cdot \dfrac{\overline{s}}{c_4}}$$

Enquanto que o índice Cp somente compara a variação total permitida pela especificação com a variação utilizada pelo processo, sem fazer nenhuma consideração quanto à média, o índice Cpk avalia a distância da média do processo (x-duas barras) aos limites da especificação, tomando aquela que é o menor, e, portanto, mais crítica em termos de chances de serem produzidos itens fora da especificação. Se Cpk > 1, então o processo será capaz.

Alguns autores também preferem utilizar o valor 4 no denominador de Cpi e Cps, em vez de 3. A idéia é similar à exposta no índice Cp.

10.3 Outros Índices de Capacidade ▉▉▉▉▉▉

Outros índices de capacidade de uso comum na indústria são:

10.3.1 Índices Pp e Ppk

Estes índices são similares a Cp e Cpk, porém apresentam no seu denominador s (o desvio-padrão da amostra) ao invés de $\overline{R}/d_2$ ou $\overline{s}/c_4$. Matematicamente:

$$Pp = \frac{LSE - LIE}{6 \cdot s}$$

e

$$Ppk = min\ [Ppi,\ Pps]$$

com

$$Ppi = \frac{\overline{\overline{x}} - LIE}{3 \cdot s}$$

e

$$Pps = \frac{LSE - \overline{\overline{x}}}{3 \cdot s}$$

Regra geral, devem ser empregados em avaliações preliminares (estudos de minicapacidade ou capacidade de curto prazo), normalmente nas etapas de obtenção de amostras ou fabricação de lote-piloto, quando há poucos dados disponíveis e não há um critério racional para a formação de subgrupos. Embora alguns autores recomendem a adoção destes índices quando o processo for instável, tal procedimento é totalmente incorreto, uma vez que, nesta situação, não existe previsibilidade alguma para o comportamento deste processo.

A interpretação de Pp e Ppk é idêntica à dos índices Cp e Cpk. Ambos devem ser superiores a 1 (ou 1,33, ou até 1,67, assumindo-se uma margem de segurança) para o processo ser considerado adequado.

10.3.2 Índices Cpm e Cpmk

O índice Cpk apresentado anteriormente admite que o valor nominal (N), está centralizado na especificação do produto, ou seja:

$$N = \frac{LIE + LSE}{2}$$

e, também, que é o melhor valor para a característica em análise. Em outras palavras, se fosse possível fabricar produtos absolutamente idênticos, nossa preferência seria obtê-los todos com este valor nominal. Contudo, isto nem sempre é verdade. Há diversas situações em que quanto menor o valor da característica, melhor o resultado (contaminação por metais pesados, por exemplo); enquanto que outras vezes quanto maior o valor da característica, mais benéfico é o desempenho do produto (resistência à abrasão, por exemplo).

Assim, para corrigir esta deficiência dos índices tradicionais (Cp e Cpk), foram criados outros que levam em consideração que o alvo procurado (T), para uma determinada característica, nem sempre é o nominal da especificação (N).

$$Cpm = \frac{LSE - LIE}{6\sqrt{s^2 + \frac{n}{n-1}(\bar{\bar{x}} - T)^2}}$$

e

$$Cpmk = min\ [Cpmi,\ Cpms]$$

com

$$Cpmi = \frac{\overline{x} - LIE}{3 \cdot \sqrt{s^2 + \frac{n}{n-1}(\overline{\overline{x}} - T)^2}}$$

e

$$Cpms = \frac{LSE - \overline{\overline{x}}}{3 \cdot \sqrt{s^2 + \frac{n}{n-1}(\overline{\overline{x}} - T)^2}}$$

Pode-se perceber que sempre que há um afastamento da média (x-duas barras) com relação ao alvo (T), os índices diminuem evidenciando uma penalidade sobre o desempenho do processo. A interpretação de Cpm e Cpmk é análoga ao caso de Cp e Cpk, isto é, devem ser superiores a 1 para o processo ser considerado capaz.

10.4 Um Exemplo

Em um determinado processo, estão sendo empregados gráficos de controle da média e amplitude (x-barra e R) há algum tempo. O processo vem-se demonstrando estável e uma análise preliminar mediante o uso do PPN revelou que os dados individuais obtidos podem ser considerados como provenientes de uma distribuição normal.

A especificação de engenharia é 10,0 ± 0,5 u.c. e o valor alvo para a característica é 10,1 u.c. As seguintes informações foram retiradas dos gráficos de controle:

$$\overline{\overline{x}} = 10,511 \qquad \overline{R} = 0,365 \qquad n = 3 \qquad s = 0,23$$

Os índices de capacidade estão calculados a seguir:

$$Cp = \frac{LSE - LIE}{6 \cdot \dfrac{\overline{R}}{d_2}} = \frac{10,5 - 9,5}{6 \cdot \dfrac{0,365}{1,693}} = 0,773$$

como

$$Cpi = \frac{\overline{\overline{x}} - LIE}{3 \cdot \dfrac{\overline{R}}{d_2}} = \frac{10,511 - 9,5}{3 \cdot \dfrac{0,365}{1,693}} = 1,563$$

e

$$Cps = \frac{LSE - \overline{\overline{x}}}{3 \cdot \dfrac{\overline{R}}{d_2}} = \frac{10,5 - 10,511}{3 \cdot \dfrac{0,365}{1,693}} = -0,017$$

logo

$$Cpk = \min\{Cpi, Cps\} = -0,017$$

e, também

$$Cpm = \frac{LSE - LIE}{6 \cdot \sqrt{s^2 + \dfrac{n}{n-1}(\overline{\overline{x}} - T)^2}} = \frac{10,5 - 9,5}{6\sqrt{(0,23)^2 + \dfrac{3}{2}(10,511 - 10,1)^2}} = 0,30$$

e ainda

$$Cpmi = \frac{\overline{\overline{x}} - LIE}{3 \cdot \sqrt{s^2 + \dfrac{n}{n-1}(\overline{\overline{x}} - T)^2}} = \frac{10,511 - 9,5}{3\sqrt{(0,23)^2 + \dfrac{3}{2}(10,511 - 10,1)^2}} = 0,61$$

e

$$Cpms = \frac{LSE - \overline{\overline{x}}}{3 \cdot \sqrt{s^2 + \dfrac{n}{n-1}(\overline{\overline{x}} - T)^2}} = \frac{10,5 - 10,511}{3\sqrt{(0,23)^2 + \dfrac{3}{2}(10,511 - 10,1)^2}} = -0,01$$

resulta que

$$Cpmk = \min[Cpmi, Cpms] = -0,01$$

10.5 Especificações Unilaterais

Quando somente há especificação unilateral para a característica de qualidade, ou seja, quando somente há um valor mínimo ou máximo, então não mais há sentido em se calcular o índice Cp, já que ou LIE ou LSE inexiste.

Quanto ao índice Cpk, este também ficará afetado pela especificação unilateral, pois somente será possível calcular ou Cpi ou Cps.

Concluindo, nos casos de especificações unilaterais somente Cpk é calculado, e, mesmo assim, somente Cpi ou Cps, dependendo de haver somente um especificação mínima ou máxima, respectivamente.

EXERCÍCIOS DE ASSIMILAÇÃO

93

10.6 Casos Especiais: Processos Não-Normais e Presença de Autocorrelação

Quando a distribuição dos valores individuais não mais é satisfatoriamente representada por uma distribuição normal, ou, então, os dados se apresentam autocorrelacionados (não há independência entre eles ao longo do tempo), não mais se pode tomar a decisão da capacidade do processo com base nos índices Cp ou Cpk, já que, no cálculo destes, são admitidas estas hipóteses.

Contudo, a avaliação ainda pode ser feita através do histograma (ver seção 11.1), marcando-se os limites de especificação sobre este e avaliando-se se é (ou não) possível produzir produtos conformes.

Exercícios de Assimilação

1) Verificar se os dados abaixo podem ser admitidos como provenientes de uma distribuição normal:

Amostra	Valor	Amostra	Valor
1	1,15	11	0,47
2	0,20	12	1,04
3	3,46	13	0,33
4	2,33	14	0,32
5	1,65	15	1,60
6	0,60	16	0,87
7	0,65	17	1,12
8	0,55	18	0,13
9	0,88	19	0,56
10	1,01	20	0,09

2) Considere os dados do exercício 1 do capítulo 6. Calcular os índices de capacidade Cp, Cpk, Cpm e Cpmk e interpretá-los, assumindo que a especificação do produto é 30 ± 10 e um valor alvo T = 32.

3) Considere os dados do exercício 3 do capítulo 6. Calcular os índices Cp e Cpk e interpretá-los, assumindo que a especificação do produto é 150 ± 100. (Dica: nas fórmulas dos índices, substituir $\bar{\bar{x}}$ por $\bar{x}$, e $\bar{R}$ por $\bar{R}m$.)

4) Considere os seis processos apresentados a seguir. Para cada um deles, dizer quais os valores de Cp e Cpk (>1, < 1 ou = 1).

capítulo 10 — CAPACIDADE DO PROCESSO

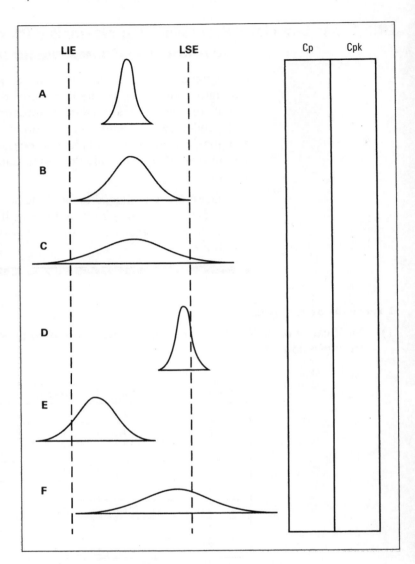

11 OUTRAS FERRAMENTAS DO CEP

Além dos gráficos de controle, existem ainda muitas outras ferramentas estatísticas úteis, principalmente para a resolução de problemas, chamadas de ferramentas básicas da qualidade.

11.1 Histograma

Há varias maneiras de mostrar a distribuição de freqüência, de um conjunto de dados agrupados, na forma gráfica. A mais popular é o histograma. Este diagrama é de fácil construção e é largamente utilizado para uma análise elementar de dados.

O histograma permite verificar facilmente a forma da distribuição, o valor central e a dispersão dos dados.

Para a sua construção, seguir as seguintes etapas:

a) Obter uma amostra de 50 a 100 dados ($50 \leq n \leq 100$) do processo em estudo;

b) Determinar o maior ($x_{máx}$) e o menor ($x_{mín}$) valores na amostra;

c) Calcular a amplitude total dos dados $R_T = x_{máx} - x_{mín}$;

d) Dividir os dados em w classes (faixas de valores), adotando $w \cong \sqrt{n}$;

e) Calcular a amplitude (tamanho) de cada classe (h), definida como sendo $h = R_T/w$;

f) Determinar os limites mínimo e máximo das classes;

g) Construir uma tabela de freqüências e classificar os dados nas classes;

h) Traçar o histograma.

capítulo 11 — OUTRAS FERRAMENTAS DO CEP

Assim se, por exemplo, fossem obtidas as seguintes viscosidades para amostras retiradas de 50 lotes de um certo produto químico e fosse desejada a construção de um histograma:

Tabela 21
Dados
da Viscosidade
de Lotes

184	182	169	167	181	170	162	167	160	166
176	156	172	187	172	184	172	170	177	172
163	187	184	166	168	176	159	180	189	170
179	169	169	181	180	164	177	180	175	182
165	173	173	167	171	176	172	164	184	172

a) o tamanho da amostra é neste caso n = 50.

b) o maior e menor valores são $x_{máx} = 189$ e $x_{mín} = 156$.

c) a amplitude total, que é a diferença entre os valores máximo e mínimo: $R = x_{máx} - x_{mín} = 189 - 156 = 33$.

d) a quantidade de classes adotada neste caso é $w = \sqrt{50} \cong 7$.

e) a amplitude de cada classe fica $h = 33/7 \cong 5$.

f) os limites das classes estão apresentados na tabela de freqüências, a seguir:

Tabela 22
Classes de
freqüências

Classe	Contagem
$155 \leq x < 160$	2
$160 \leq x < 165$	5
$165 \leq x < 170$	10
$170 \leq x < 175$	12
$175 \leq x < 180$	7
$180 \leq x < 185$	11
$185 \leq x < 190$	3
TOTAL	50

A Fig. 27 apresenta o histograma para os dados anteriores da Tab. 21.

Alguns comentários importantes com relação à construção e interpretação de histogramas são feitos abaixo:

- os passos apresentados anteriormente são apenas critérios práticos, geralmente úteis na obtenção de histogramas e não regras rígidas;

11.1 — HISTOGRAMA

Figura 27 —
Histograma

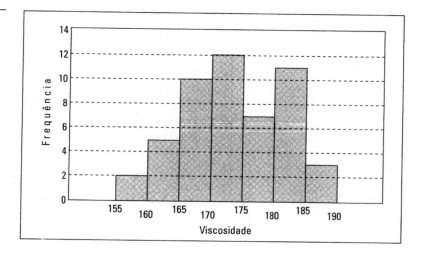

- assim, por exemplo, não há nenhuma obrigatoriedade de seguir à risca a fórmula $w \cong \sqrt{n}$. Sabe-se pela prática que $\sqrt{n} \leq w \leq 1,5\sqrt{n}$ costuma produzir resultados satisfatórios;
- a idéia por detrás deste critério é que quanto maior a quantidade de dados (n), maior a quantidade de classes (w) adotada;
- o tamanho de cada classe (h) é pura e simplesmente a distância entre o maior e menor valores, a amplitude total R_T, dividida pela quantidade de classes (w) escolhidas;
- como se pode depreender do exemplo, arredondamentos foram feitos nas etapas d) e e), sem que estes tenham comprometido o resultado final;
- mais importante do que a construção do histograma em si, é a sua interpretação, já que formas estranhas podem revelar algum problema com o processo em análise. A Fig. 28 mostra algumas destas situações.

Figura 28 —
Interpretações de Histogramas

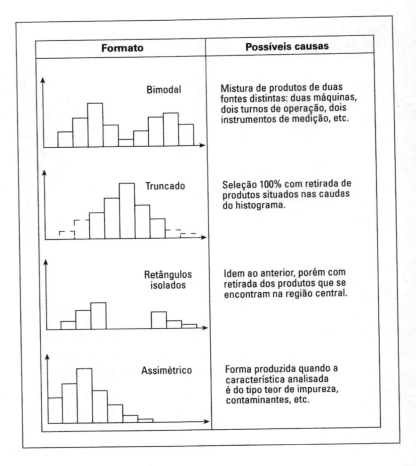

11.2 Diagrama de Causa e Efeito (Ishikawa)

O diagrama de causa e efeito é uma figura composta de linhas e símbolos, que representam uma relação significativa entre um efeito e suas possíveis causas. Este diagrama descreve situações complexas, que seriam muito difíceis de serem descritas e interpretadas somente por palavras.

Existem, provavelmente, várias categorias de causas principais. Freqüentemente, estas recaem sobre uma das seguintes categorias: Mão-de-obra, Máquinas, Métodos, Materiais, Meio Ambiente e Meio de Medição (conhecidas com os 6 Ms).

Podem existir muitas outras maneiras para a classificação destas causas principais. Cada uma delas, por sua vez, poderá ter numerosos fatores ou causas secundárias.

A Fig. 29 apresenta um diagrama de causa e efeito para o problema: umidade incorreta. O "Meio de Medição" foi omitido neste caso.

Figura 29 —
Diagrama de Causa e Efeito

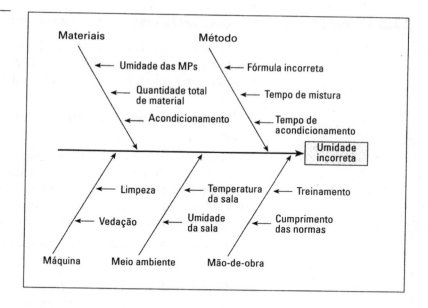

As etapas para a construção de um diagrama de causa e efeito são as seguintes:

a) Formar uma equipe com as pessoas que mais podem contribuir para a resolução do problema, em termos tanto de conhecimento como de envolvimento;

b) Explicar aos membros da equipe a evolução do problema, suas conseqüências e porque sua resolução é importante;

c) Desenhar o diagrama em um local que permita a visualização por todos os membros da equipe;

d) Mediante o emprego da técnica do *brainstorming* (técnica para a geração livre de idéias), preencher gradativamente o diagrama, deixando que cada membro dê somente uma possível causa por rodada;

e) Prosseguir com a etapa anterior até que ninguém tenha mais nada a acrescentar;

f) Revisar o diagrama, eliminando aquelas causas que já se sabe de antemão que não podem estar provocando o problema.

11.3 Diagrama de Pareto

Pareto foi um economista italiano que, ao estudar a distribuição da riqueza em sua época, verificou que "poucas pessoas possuíam uma grande porcentagem do total e muitas, uma pequena parte".

A coisa mais importante, em primeiro lugar, é o princípio de Pareto.

O diagrama de Pareto é usado quando é preciso dar atenção aos problemas de uma maneira sistemática e, também, quando se tem um grande número de problemas e recursos limitados para resolvê-los. O diagrama construído corretamente indica as áreas mais problemáticas, seguindo uma ordem de prioridades.

As etapas para a sua construção são as seguintes:

a) Coletar dados sobre os problemas encontrados na produção, durante um certo período de tempo;

b) Organizar os dados, de acordo com algum critério (quantidade, custo, etc.), da maior para a menor freqüência;

c) Construir o diagrama, com retângulos cuja altura seja proporcional à freqüência de ocorrências.

A Fig. 30 mostra um diagrama de Pareto para problemas em uma indústria de plástico, onde cada número no eixo das abscissas representa um certo tipo de problema.

Figura 30 —
Diagrama de Pareto

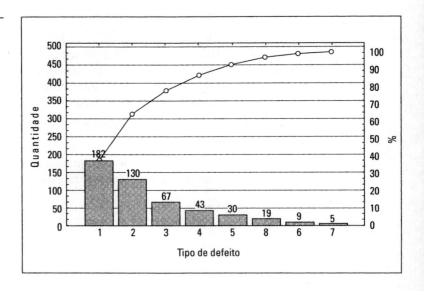

11.4 Folha de Verificação

A folha de verificação facilita a coleta e organização de dados para posterior análise. A folha de verificação pode ter muitas formas diferentes, já que para cada situação pode ser necessário um certo tipo de arranjo para a obtenção dos dados.

Dentre as diversas categorias, destacam-se:

a) folha para distribuição do processo de produção;

b) folha para item defeituoso;

c) folha para localização de defeituosos;

d) folha de causa do defeito.

A Fig. 31 mostra uma folha de verificação da primeira categoria acima.

Figura 31 — Folha de Verificação para Voltagem de Pilhas Elétricas

Voltagem	Quantidade
1,64	X
1,63	
1,62	XXX
1,61	X
1,60	XXXXX
1,59	XXXXX XXX
1,58	XXXXX XXXXX XX
1,57	XXXXX XXXXX
1,56	XXXXX X
1,55	XX
1,54	X
1,53	XX

11.5 Gráfico Linear

O gráfico linear é uma apresentação dos dados, na ordem em que estes foram obtidos. Assim, é possível verificar se há presença de alguma tendência (ou não) ao longo do tempo.

Na Fig. 32, há um gráfico linear para a porcentagem de refugo de uma empresa, ao longo dos últimos anos.

Figura 32 —
Gráfico Linear

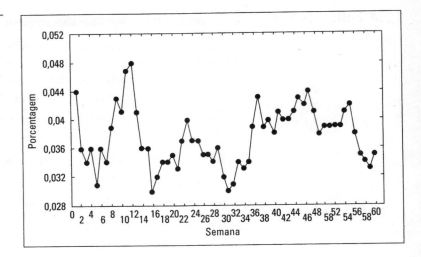

11.6 Diagrama de Dispersão

Quando duas (ou mais) variáveis apresentam uma tendência de variação conjunta, ou seja, quando o valor de uma se altera, e o da outra também se altera, diz-se que elas estão correlacionadas.

A existência de correlação entre variáveis indica uma possível relação de causa e efeito que, portanto, merece uma maior investigação. Contudo, quando duas variáveis não se apresentam correlacionadas, então não há relação de causa e efeito entre elas.

A correlação entre variáveis pode ser avaliada através de um diagrama de dispersão, que nada mais é do que gráfico cartesiano, com os pares de ordenadas e abscissas de cada ponto nele marcados. Quando os pontos estiverem próximos entre si, mostrando uma tendência, então pode-se concluir pela existência de correlação.

A Fig. 33 mostra um diagrama de dispersão, exibindo correlação (linear), entre duas variáveis (A e B).

11.7 Fluxograma

Grande parte da variação existente em um processo pode ser eliminada somente quando se conhece o processo de fabricação em profundidade. Isto significa que a seqüência de produção, ou etapas, o número de máquinas existentes, o número de operações, etc. influenciam na variabilidade final das características do produto.

Conseqüentemente, um fluxograma pode ser de muita valia, já que auxilia, de forma gráfica, no entendimento das possíveis fontes de variação. A Fig. 34 mostra um fluxograma simplificado.

11.7 — FLUXOGRAMA

Figura 33 —
Diagrama de Dispersão

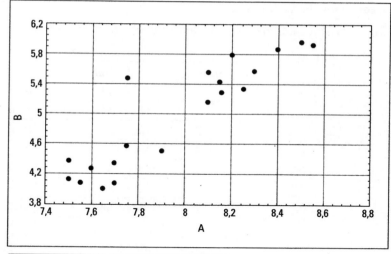

Figura 34 —
Fluxograma

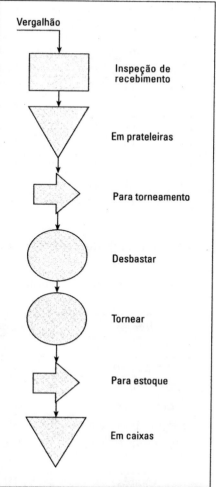

capítulo 11 — OUTRAS FERRAMENTAS DO CEP

Exercícios de Assimilação

1) Construir um histograma para os dados fornecidos a seguir:

Amostra	Valores
1	35 – 34 – 32 – 36
2	31 – 34 – 29 – 31
3	30 – 32 – 32 – 30
4	33 – 33 – 35 – 32
5	34 – 37 – 34 – 32
6	32 – 31 – 33 – 32
7	33 – 36 – 31 – 32
8	33 – 36 – 36 – 33
9	36 – 35 – 31 – 35
10	35 – 36 – 41 – 36
11	38 – 35 – 38 – 36
12	38 – 39 – 40 – 36
13	40 – 35 – 33 – 36
14	35 – 37 – 33 – 27
15	37 – 33 – 30 – 28
16	31 – 33 – 33 – 33
17	30 – 34 – 34 – 33
18	28 – 29 – 29 – 30
19	27 – 29 – 35 – 32
20	35 – 35 – 36 – 32

2) Construir um diagrama de causa e efeito para o seguinte problema: **caipirinha amarga.**

3) Construir um diagrama de Pareto para os problemas apresentados na tabela a seguir:

Defeito	Bobinas
Microfuros	5
Opacidade	67
Espessura Maior	43
Espessura Menor	182
Largura Incorreta	30
Adesão entre Faces	130
Grumos	9
Outros	19

EXERCÍCIOS DE ASSIMILAÇÃO

4) Os dados abaixo mostram a temperatura na qual um certo processo é executado e o seu rendimento. mediante um diagrama de dispersão. Verificar se existe correlação entre estas duas características.

Temperatura	Rendimento
17	0,20
19	0,25
19	0,30
20	0,35
22	0,40
22	0,60
23	0,50
23	0,60
25	0,55
25	0,65

12 ESTUDOS DE CASOS

Neste capítulo são apresentados alguns estudos de casos, mostrando como integrar as ferramentas do CEP para obtenção de controle e melhores níveis de qualidade e produtividade.

12.1 Teor de Umidade

Na fabricação de misturas, o teor de umidade é freqüentemente uma característica crítica de qualidade e, portanto, deve ser cuidadosamente controlada para evitar problemas posteriores no processamento dos produtos.

Numa empresa, a especificação para tal característica é 10% $\pm$ 0,5%. A mistura é constituída de quatro componentes, sendo os três primeiros sólidos e o último, líquido. Sua fórmula é fornecida na Tab. 23.

Os componentes são inicialmente levados a uma sala, onde permanecem por um mínimo de 24 horas antes de seu uso efetivo, para estabilizarem sua temperatura e umidade com as condições climáticas da sala de mistura. A seguir, eles são pesados um a um, manualmente e, então, colocados em um misturador.

Tabela 23 Fórmula da Mistura	Componente	% do peso total
	A (pó)	60
	B (pó)	20
	C (pó)	15
	D (líquido)	5

capítulo 12 — ESTUDOS DE CASOS

A mistura é feita em duas etapas: primeiramente, colocam-se os componentes sólidos para homogeneizá-los por um tempo predeterminado (30 minutos) e, depois, adiciona-se o líquido, completando o ciclo da mistura (mais 15 minutos).

Ao final do tempo total de mistura, retiram-se três parcelas do lote, sendo uma do centro e duas das laterais do misturador. Estas são enviadas ao laboratório que as junta em uma única amostra (amostra composta) para, a seguir, fazer a determinação do teor de umidade. Caso o teor esteja dentro da especificação, o lote é descarregado. Caso contrário, é necessário proceder a ajustes.

A Fig. 35 mostra, de modo esquemático, o fluxograma completo desta operação.

A gerência da empresa decidiu montar uma equipe para atacar o problema de reprocesso das misturas, que já vem ocorrendo há um certo tempo e que, se não for diminuído, acarretará a necessidade de um novo misturador.

Numa primeira reunião, a equipe se familiarizou com o produto (fórmula) e o seu processo. Decidiu, também, discutir os motivos que acarretam o retrabalho e descobriu que se tratava, em 98% dos casos, de teor de umidade incorreto. Segundo o supervisor da área do misturador, os ajustes eram tão freqüentes que os operadores já tinham desenvolvido uma rotina para a correção.

Na reunião seguinte, a equipe desenvolveu um diagrama de causa e efeito, mostrado na Fig. 36, para tentar definir as possíveis causas do problema de umidade incorreta. Após alguma discussão entre os membros, decidiu-se que seria interessante acompanhar a fabricação de alguns lotes de mistura. Ficou decidido fazer o seguinte: acompanhar 20 lotes de mistura, retirando de cada lote três parcelas (centro, lado esquerdo e lado direito do misturador) e analisar o teor de umidade de cada parcela separadamente, ou seja, não juntá-las numa única amostra.

A idéia por detrás deste procedimento era verificar se havia variação significativa de umidade dentro de um mesmo lote, visto que quando se formava uma amostra composta, como anteriormente, tal tipo de variação passava desapercebida.

Os dados obtidos no levantamento encontram-se na Tab. 24 e os gráfico de controle são apresentados na Fig. 37. Pode-se facilmente perceber que o processo está sob controle estatístico, ou seja, é estável.

Repare que, da forma como os dados foram coletados e agrupados, a amplitude (R) reflete a variação dentro dos lotes de mistura. Como não há causas especiais presentes neste gráfico,

12.1 — TEOR DE UMIDADE

Figura 35 —
Fluxograma da Mistura

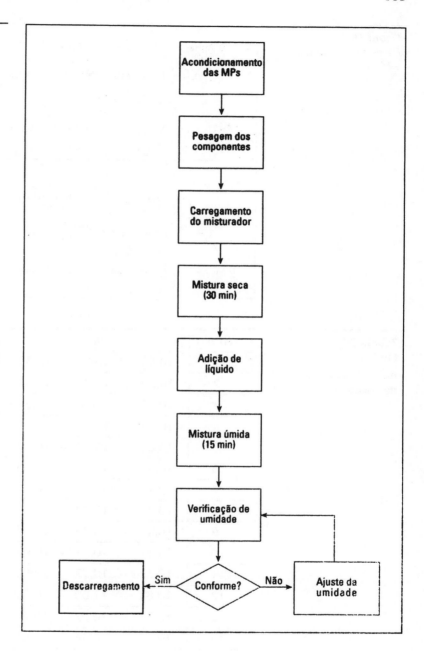

isto evidencia que não há diferenças significativas entre as parcelas de um mesmo lote. Por outro lado, a média (x-barra) reflete a variação entre lotes. Como também não há causas especiais neste gráfico, conclui-se que não há diferenças significativas entre lotes de mistura. O processo de fabricação é previsível.

Figura 36 — Diagrama de Causa e Efeito

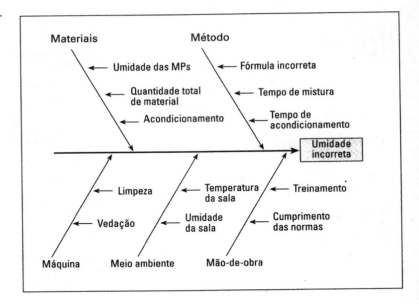

Tabela 24 — Dados de 20 Lotes de Mistura

Lote	Valores	x-barra	R
1	10,69 – 10,80 – 10,39	10,627	0,41
2	10,20 – 10,30 – 10,72	10,407	0,52
3	10,42 – 10,61 – 10,54	10,523	0,19
4	10,98 – 10,27 – 10,50	10,583	0,71
5	10,61 – 10,52 – 10,67	10,600	0,15
6	10,57 – 10,46 – 10,50	10,510	0,11
7	10,44 – 10,29 – 9,86	10,197	0,58
8	10,20 – 10,29 – 10,41	10,300	0,21
9	10,46 – 10,76 – 10,74	10,653	0,30
10	10,11 – 10,33 – 10,98	10,473	0,87
11	10,29 – 10,57 – 10,65	10,503	0,36
12	10,83 – 11,00 – 10,65	10,827	0,35
13	10,35 – 10,07 – 10,48	10,300	0,41
14	10,69 – 10,54 – 10,61	10,613	0,15
15	10,44 – 10,44 – 10,57	10,483	0,13
16	10,63 – 9,86 – 10,54	10,343	0,77
17	10,54 – 10,82 – 10,48	10,613	0,34
18	10,50 – 10,61 – 10,54	10,550	0,11
19	10,29 – 10,79 – 10,74	10,607	0,50
20	10,57 – 10,44 – 10,52	10,510	0,13

12.1 — TEOR DE UMIDADE

Figura 37 —
Gráficos de Controle
x-barra e R

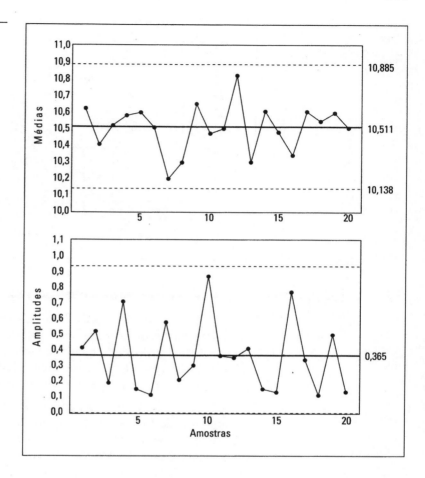

O fato de o processo de fabricação de misturas ser previsível não significa ser ele adequado ao atendimento das especificações. A equipe decidiu, então, construir um histograma com os valores individuais obtidos na fase de acompanhamento do processo e compará-lo com a especificação de 10% ± 0,5%. A Fig. 38 mostra este diagrama.

Sua análise evidenciou que os lotes têm a tendência de apresentar alto teor de umidade, sendo assim necessários ajustes freqüentes para diminuir este.

Os lotes têm umidade média de cerca de 10,5%. Além disso, aproximadamente 50% dos valores das parcelas dos lotes acompanhados estão com umidade superior a 10,5%, o máximo permitido pela especificação.

Como a fórmula da mistura é constituída por três componentes sólidos e somente por um líquido (componente D), então a solução mais simples é modificá-la, diminuindo a quantidade de D no seu peso total.

Figura 38 —
Histograma para Umidade

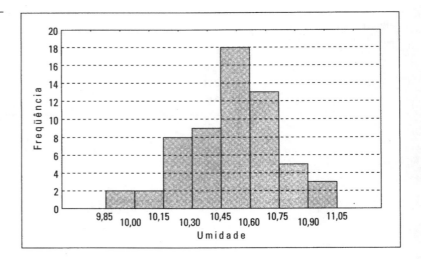

12.2 Máquina de Compressão

A máquina de compressão é um dos principais equipamentos na fabricação de comprimidos na indústria farmacêutica. Diversas características críticas de qualidade são geradas nesta operação (altura, dureza, etc.) e, portanto, um perfeito controle é essencial para garantir um produto com desempenho satisfatório.

Entretanto, esta máquina possui diversas posições diferentes, ou seja, a cada rotação da sua mesa diversos comprimidos são fabricados. Assegurar que não haja diferenças significativas entre posições é uma das formas de evitar surpresas desagradáveis ao término da fabricação de um lote.

Uma empresa, interessada em aprimorar o seu procedimento de aprovação do ajuste de máquina optou por implantar a seguinte sistemática:

- após terminada a preparação da máquina, manter todas as condições do processo tão constantes quanto possível;
- de cada posição da máquina, retirar uma amostra de 10 comprimidos produzidos consecutivamente;
- agrupar os dados por posição;
- calcular a média e a amplitude para cada posição;
- construir gráficos para média (x-barra) e amplitudes (R);
- analisar os gráficos e determinar se existem diferenças significativas entre posições.

A Tabela 25 mostra os resultados (peso) de um levantamento feito para uma máquina com 24 posições. Os dados foram agrupados por posição e nesta situação:

12.2 — MÁQUINA DE COMPRESSÃO **113**

Tabela 25 Pesos de Comprimidos	Posição	x-barra	R	Posição	x-barra	R
	1	1,976	0,05	13	1,979	0,05
	2	1,987	0,04	14	1,982	0,03
	3	1,981	0,03	15	1,983	0,03
	4	1,983	0,04	16	1,976	0,04
	5	1,977	0,04	17	1,976	0,03
	6	1,986	0,06	18	1,976	0,03
	7	1,984	0,03	19	1,982	0,05
	8	1,962	0,06	20	1,995	0,05
	9	1,977	0,06	21	1,979	0,06
	10	1,980	0,04	22	1,982	0,02
	11	1,975	0,05	23	1,980	0,04
	12	1,977	0,04	24	1,985	0,04

a) Cada amplitude (R) representa a variação dentro da amostra, ou seja, a diferença entre comprimidos de uma mesma posição;

b) As médias (x-barra) representam a variação entre as posições da máquina

A Fig. 39 mostra os gráficos de controle para estes dados.

Pode-se perceber que o gráfico das amplitudes não apresenta causas especiais de variação, indicando que não se pode afirmar que há alguma posição cuja variabilidade seja significativamente diferente das demais.

Quanto ao gráfico das médias, dois pontos apresentam-se fora dos limites de controle: posições 8 e 20. Isto mostra que estas posições são significativamente diferentes das demais. A posição apresenta comprimidos com pesos inferiores às demais, enquanto que a posição 20, superiores.

Portanto, se tal diferença puder ser eliminada, obter-se-á uma produção uniforme. Uma análise pelo pessoal de manutenção revelou que a simples troca dos punções de compressão nestas posições da máquina seria suficiente para eliminar este problema.

Após a troca, novas amostras foram coletadas, a análise repetida e verificou-se que a ação deu resultado, mediante a construção de novos gráficos de controle, conforme a Fig. 40.

Como agora não há diferenças significativas entre posições, então pode-se passar à avaliação da capacidade (de curto prazo) do processo. A especificação para o peso é $2,00 \pm 0,05$g.

Figura 39 —
Gráficos de Controle para Pesos

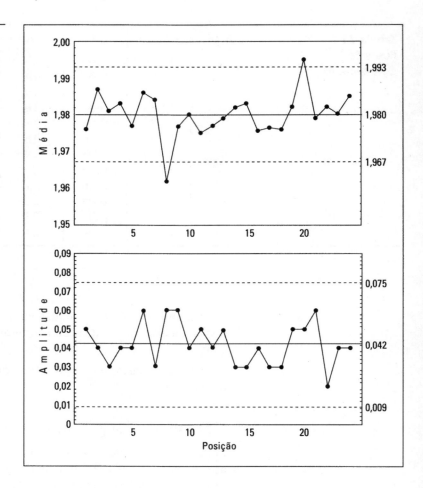

O histograma na Figura 41 demonstra que a variabilidade dos dados adere bem à distribuição normal. O desvio-padrão (s) para todos os dados individuais (não fornecidos no exemplo), é de 0,012

Os índices de capacidade de curto prazo, para esta situação, são:

$$Pp = \frac{LSE - LIE}{6 \cdot s} = \frac{2,05 - 1,95}{6 \times 0,012} = 1,39$$

$$Ppi = \frac{\overline{\overline{x}} - LIE}{3 \cdot s} = \frac{2,001 - 1,95}{3 \times 0,012} = 1,42$$

$$Pps = \frac{LSE - \overline{\overline{x}}}{3 \cdot s} = \frac{2,05 - 2,001}{3 \times 0,012} = 1,36$$

Pelos valores obtidos, conclui-se que o processo é capaz.

12.2 — MÁQUINA DE COMPRESSÃO

Figura 40 —
Gráficos de Controle para Pesos (após correção)

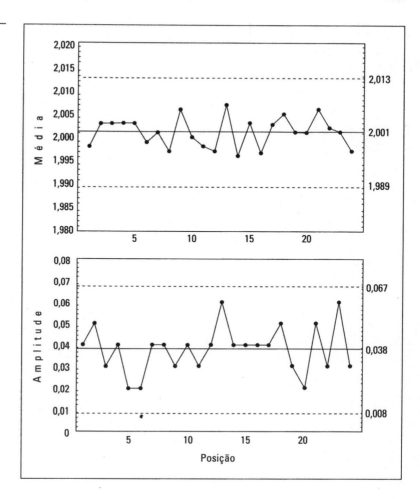

Figura 41 —
Histograma para Pesos de Comprimidos

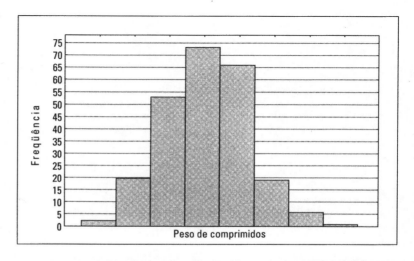

13 CONCLUSÃO

As ferramentas estatísticas são tão importantes na área da qualidade, que as normas da série ISO 9000 (assim como as da QS-9000) incluíram-nas como um requisito específico. Contudo, deve-se lembrar que essas ferramentas são tão-somente meios para se atingir maiores níveis de qualidade e produtividade e não fins em si mesmas. Melhoria contínua é o objetivo que as empresas devem buscar incessantemente, como forma de garantir a sua saúde financeira no futuro.

Em nosso país, em que a competição está se tornando dia a dia mais acirrada, os métodos estatísticos ajudam a mostrar o caminho a trilhar, fornecendo uma luz no fim do túnel em que as empresas entraram com a abertura do mercado brasileiro.

A Estatística é uma ciência que ajuda a tomar melhores decisões com base em fatos e dados, e não simplesmente em opiniões. É de grande ajuda para o dirigente, já que transforma dados em informações e, portanto, permite que o caos gerado pela imensa montanha de números existente numa empresa passe a fazer sentido.

Mas para a Estatística ser de valia não basta que algumas poucas pessoas dentro da organização conheçam e dominem estes conceitos. É preciso a sua disseminação em larga escala e o permanente incentivo (e até mesmo cobrança) à sua utilização. Para tanto, a alta administração tem de dar ênfase ao planejamento das ações que garantam atingir um melhor desempenho.

É por isso que em diversas empresas o pessoal tem até conhecimento de estatística, mas não habilidade no seu emprego. A habilidade somente é desenvolvida mediante a aplicação sistemática da estatística às decisões nas áreas de engenharia, finanças, operações, etc.

capítulo 13 — CONCLUSÃO

Conforme cita William E. Conway, ex-executivo da Nashua Corporation, "*...por que o alto executivo não acredita que foi assim que o Japão melhorou a sua indústria nestes últimos anos, eu não sei...*"

Até quando a Estatística vai ser negligenciada pelas empresas? Até quando os executivos vão acreditar que para melhorar a qualidade só basta estímular ou recompensar pessoas? Será que a Estatística está fadada a ser uma simples disciplina ministrada nas universidades?

Este livro não busca esgotar a teoria e prática do CEP, que é por demais ampla, mas fornecer conceitos, exemplos e estudos de casos úteis àqueles que querem iniciar a prática da melhoria contínua nas suas empresas. Uma bibliografia completa é fornecida no próximo capítulo para pessoas que queiram se aprofundar neste assunto.

A propósito: como eu também sou praticante da melhoria contínua, toda e qualquer sugestão para o aperfeiçoamento deste texto é bem-vinda e pode ser enviada para optimaec@uol.com.br.

BIBLIOGRAFIA

Nível Básico

CHARBONNEAU, H.C.; WEBSTER, G.L. *Industrial quality control*. Englewood Cliffs, Prentice-Hall, 1978.

HRAEDESKY, J.L. *Aperfeiçoamento da qualidade e produtividade*. São Paulo, McGraw-Hill, 1989.

ISHIKAWA, K. *Guide to quality control*. 2 ed. Tóquio, Asian Productivity Organization, 1988.

JURAN, J.M.; GRYNA, F.M. *Controle da Qualidade: volume VI*. São Paulo, Makron, 1992.

KUME, H. *Métodos estatísticos para a melhoria da qualidade*. São Paulo, Gente, 1993.

MADRAS, T.T.T.I. *Controle da qualidade*. São Paulo, McGraw-Hill, 1990.

PYZDEK, T. *Pyzdek's guide to SPC: volumes I and II*. Milwaukee, ASQC Quality Press, 1992.

WHEELER, D.J. *Understanding variation: the key to managing chaos*. Knoxville, SPC Press, 1993.

WHEELER, D.J.; CHAMBERS, D.S. *Understanding statistical process control*. Knoxville, SPC Press, 1986.

Nível Intermediário

BAJARIA, H.J.; COPP, R.P. *Statistical problem solving*. Garden City, Multiface, 1991.

FELLERS, G. *SPC for pratictioners: special cases and continuous processes*. Milwaukeee, ASQC Quality Press, 1991.

GRANT, E.L.; LEAVENWORTH, R.S. *Statistical quality control*. 4 ed. Nova York, McGraw-Hill, 1980.

KANE, V.E. *Defect prevention: use of simple statistical tools*. Nova York, Marcel Dekker, 1989.

LEITNAKER, M.G.; SANDERS, R.D.; HILD,C. *The power of statistical thinking*. Reading, Addison-Wesley, 1995.

McNEESE, W.H.; KLEIN, R.A. *Statistical process control for the process industries*. Milwaukee, ASQC Quality press, 1991.

MONTGOMERY, D.C. *Introduction to statistical quality control*. 2 ed. Nova York, John Wiley, 1991.

OKLAND, J.S.; FOLLOWELL, R.F. *Statistical process control*. 2 ed. Oxford, Butterworth & Heinemann, 1994.

OTT, E.R. *Process quality control*. Nova York, McGraw-Hill, 1975.

RAMOS, A. W. *Controle estatístico de processo para pequenos lotes*. São Paulo, Edgard Blücher, 1995.

RYAN, T.P. *Statistical methods for quality improvement*. Nova York, John Wiley, 1989.

TAYLOR, W.A. *Optimization & variation reduction in quality*. Nova York, McGraw-Hill, 1991.

WADSWORTH, H.M.; STEPHENS, K.S.; GODFREY, A.B. *Modern methods for quality control and improvement*. Nova York, John Wiley, 1986.

WHEELER, D.J. *Advanced topics in statistical process control*. Knoxville, SPC Press, 1995.

WETHERILL, G.B.; BROWN, D.W. *Statistical process control: theory and practice*. Londres, Chapman-Hall, 1994.

Nível Avançado

BURR, I.W. *Statistical quality control methods*. Nova York, Marcel Dekker, 1976.

COWDEN, D.J. *Statistical methods in quality control*. Englewood Cliffs, Prentice-Hall, 1957.

DUNCAN, A.J. *Quality control and industrial statistics*. 4 ed. Homewood, Irwin, 1974.

KOTZ, S.; JOHNSON, N.L. *Process capability indices*. Londres, Chapman & Hall, 1993.

MONTGOMERY, D.C. *Statistical quality control*. 3 ed. Nova York, John Wiley, 1985.

RAMOS, A. W. *Uma contribuição aos estudos de capacidade de máquina*. Tese de Doutorado. São Paulo, Departamento de Engenharia de Produção da Escola Politécnica da USP, 1999.

SHEWHART, W.A. *Economic control of quality of manufactured product*. Milwaukee, ASQC Quality Press, 1989.

THOMPSON, J.R.; KORONACKI, J. *Statistical process control for quality improvement*. Nova York, Chapman-Hall, 1993.

ANEXO A
FATORES PARA CÁLCULO DE LIMITES DE CONTROLE

n	A_2	A_3	E_2	B_3	B_4
2	1,880	2,695	2,660	–	3,267
3	1,023	1,954	1,772	–	2,568
4	0,729	1,628	1,457	–	2,266
5	0,577	1,427	1,290	–	2,089
6	0,483	1,287	1,184	0,030	1,970
7	0,419	1,182	1,109	0,118	1,882
8	0,373	1,099	1,054	0,185	1,815
9	0,337	1,032	1,010	0,239	1,761
10	0,308	0,975	0,975	0,284	1,716

n	D_3	D_4	D	c_4	d_2
2	–	3,267	0,709	0,798	1,128
3	–	2,574	0,524	0,886	1,693
4	–	2,282	0,446	0,921	2,059
5	–	2,114	0,403	0,940	2,326
6	–	2,004	0,375	0,952	2,534
7	0,076	1,924	0,353	0,959	2,704
8	0,136	1,864	0,338	0,965	2,847
9	0,184	1,816	0,325	0,969	2,970
10	0,223	1,777	0,314	0,973	3,078

Fonte: MONTGOMERY, D.C. *Introduction to statistical quality control*. 3 ed. Nova York, John Wiley, 1996.

ANEXO

B

TABELA DA DISTRIBUIÇÃO NORMAL

				valores de $P(0 < Z < z_0)$						
z_0	0	1	2	3	4	5	6	7	8	9
0,0	0,0000	0,0040	0,0080	0,0120	0,0160	0,0199	0,0239	0,0279	0,0319	0,0359
0,1	0,0398	0,0438	0,0478	0,0517	0,0557	0,0596	0,0636	0,0675	0,0714	0,0753
0,2	0,0793	0,0832	0,0871	0,0910	0,0948	0,0987	0,1026	0,1064	0,1103	0,1141
0,3	0,1179	0,1217	0,1255	0,1293	0,1331	0,1368	0,1406	0,1443	0,1480	0,1517
0,4	0,1554	0,1591	0,1628	0,1664	0,1700	0,1736	0,1772	0,1808	0,1844	0,1879
0,5	0,1915	0,1950	0,1985	0,2019	0,2054	0,2088	0,2123	0,2157	0,2190	0,2224
0,6	0,2257	0,2291	0,2324	0,2357	0,2389	0,2422	0,2454	0,2486	0,2517	0,2549
0,7	0,2580	0,2611	0,2642	0,2673	0,2703	0,2734	0,2764	0,2794	0,2823	0,2852
0,8	0,2881	0,2910	0,2939	0,2967	0,2995	0,3023	0,3051	0,3078	0,3106	0,3133
0,9	0,3159	0,3186	0,3212	0,3238	0,3264	0,3289	0,3315	0,3340	0,3365	0,3389
1,0	0,3413	0,3438	0,3461	0,3485	0,3508	0,3531	0,3554	0,3577	0,3599	0,3621
1,1	0,3643	0,3665	0,3685	0,3708	0,3729	0,3749	0,3770	0,3790	0,3810	0,3830
1,2	0,3849	0,3869	0,3888	0,3907	0,3925	0,3944	0,3962	0,3980	0,3997	0,4015
1,3	0,4032	0,4049	0,4066	0,4082	0,4099	0,4115	0,4131	0,4147	0,4162	0,4177
1,4	0,4192	0,4207	0,7222	0,4236	0,4251	0,4265	0,4279	0,4292	0,4306	0,4319
1,5	0,4332	0,4345	0,4357	0,4370	0,4382	0,4394	0,4406	0,4418	0,4429	0,4441
1,6	0,4452	0,4463	0,4474	0,4484	0,4495	0,4505	0,4515	0,4525	0,4535	0,4545
1,7	0,4554	0,4564	0,4573	0,4582	0,4591	0,4599	0,4608	0,4616	0,4625	0,4633
1,8	0,4641	0,4649	0,4656	0,4664	0,4671	0,4678	0,4686	0,4693	0,4699	0,4706
1,9	0,4713	0,4719	0,4726	0,4732	0,4738	0,4744	0,4750	0,4756	0,4761	0,4767
2,0	0,4772	0,4778	0,4783	0,4788	0,4793	0,4798	0,4803	0,4808	0,4812	0,4817
2,1	0,4821	0,4826	0,4830	0,4834	0,4838	0,4842	0,4846	0,4850	0,4854	0,4857
2,2	0,4861	0,4864	0,4868	0,4871	0,4875	0,4878	0,4881	0,4884	0,4887	0,4890
2,3	0,4893	0,4896	0,4898	0,4901	0,4904	0,4906	0,4909	0,4911	0,4913	0,4916
2,4	0,4918	0,4920	0,4922	0,4925	0,4927	0,4929	0,4931	0,4932	0,4934	0,4936
2,5	0,4938	0,4940	0,4941	0,4943	0,4945	0,4946	0,4948	0,4949	0,4951	0,4952
2,6	0,4953	0,4955	0,4956	0,4957	0,4959	0,4960	0,4961	0,4962	0,4963	0,4964
2,7	0,4965	0,4966	0,4967	0,4968	0,4969	0,4970	0,4971	0,4972	0,4973	0,4974

anexo A — TABELA DA DISTRIBUIÇÃO NORMAL

z_0	0	1	2	3	4	5	6	7	8	9
2,8	0,4974	0,4975	0,4967	0,4977	0,4977	0,4978	0,4979	0,4979	0,4980	0,4981
2,9	0,4981	0,4982	0,4982	0,4983	0,4984	0,4984	0,4985	0,4985	0,4986	0,4986
3,0	0,4987	0,4987	0,4987	0,4988	0,4988	0,4989	0,4989	0,4989	0,4990	0,4990
3,1	0,4990	0,4991	0,4991	0,4991	0,4992	0,4992	0,4992	0,4992	0,4993	0,4993
3,2	0,4993	0,4993	0,4994	0,4994	0,4994	0,4994	0,4994	0,4995	0,4995	0,4995
3,3	0,4995	0,4995	0,4995	0,4996	0,4996	0,4996	0,4996	0,4996	0,4996	0,4997
3,4	0,4997	0,4997	0,4997	0,4997	0,4997	0,4997	0,4997	0,4997	0,4997	0,4998
3,5	0,4998	0,4998	0,4998	0,4998	0,4998	0,4998	0,4998	0,4998	0,4998	0,4998
3,6	0,4998	0,4998	0,4999	0,4999	0,4999	0,4999	0,4999	0,4999	0,4999	0,4999
3,7	0,4999	0,4999	0,4999	0,4999	0,4999	0,4999	0,4999	0,4999	0,4999	0,4999
3,8	0,4999	0,4999	0,4999	0,4999	0,4999	0,4999	0,4999	0,4999	0,4999	0,4999
3,9	0,5000	0,5000	0,5000	0,5000	0,5000	0,5000	0,5000	0,5000	0,5000	0,5000

Fonte: COSTA NETO, P.L.O. *Estatística*. São Paulo, Edgard Blücher, 1978.

ANEXO C RESPOSTAS AOS PROBLEMAS ÍMPARES

Capítulo 1

1. Walter A. Shewhart
3. Devido às exigências de clientes ou por necessidade de implantar melhorias em seus processo, obtendo maior qualidade e produtividade.

Capítulo 2

3. Pois o tipo de ação requerida é diferente e a responsabilidade pela sua adoção está em diferentes níveis organizacionais da empresa.
5. Não. As necessidades e expectativas dos clientes são dinâmicas e os concorrentes estão sempre se aperfeiçoando.

Capítulo 3

1. Produção em massa, sob encomenda (intermitente e repetitiva), enxuta, e processo contínuo ou em bateladas
3. Veja resposta no item 3.3
5. Material homogêneo é aquele que é uniforme, não apresentando diferenças significativas de uma porção sua para outra.

Capítulo 4

1. Veja tabela na próxima página.
3. **a)** Cerca de 31%. **b)** Cerca de 1%. **c)** Não. Processos instáveis são imprevisíveis e, portanto, nada pode ser dito a respeito de seu comportamento.
6. De nada adianta ter dados suficientes se estes foram mal coletados e não são confiáveis.

Amostra	$\bar{x}$	$\tilde{x}$	s	R
1	34,25	34,5	1,71	4
2	31,25	31,0	2,06	5
3	31,00	31,0	1,15	2
4	33,25	33,0	1,26	3
5	34,25	34,0	2,06	5
6	32,00	32,0	0,82	2
7	33,00	32,5	2,16	5
8	34,50	34,5	1,73	3
9	34,25	35,0	2,22	5
10	37,00	36,0	2,71	6
11	36,75	37,0	1,50	3
12	38,25	38,5	1,71	4
13	36,00	35,5	2,94	7
14	33,00	34,0	4,32	10
15	32,00	31,5	3,92	9
16	32,50	33,0	1,00	2
17	32,75	33,5	1,89	4
18	29,00	29,0	0,82	2
19	30,75	30,5	3,50	8
20	34,50	35,0	1,73	4

Capítulo 5

1. Verificar se o processo estudado é estatisticamente estável, se permanece estável e permitir o seu aprimoramento.

3. Não. Gráficos de controle utilizam limites de controle, que são calculados a partir da própria variabilidade do processo e não estabelecidos arbitrariamente.

Capítulo 6

1. Veja gráficos a seguir (**a**). Perceba que o processo é instável.

3. Veja gráficos em seguida (**b**). O processo é estável.

   Nota: Apesar de parecer que há uma causa especial no gráfico Rm (**a**) (tendência entre pontos 4 e 16), lembre-se que os Rms não são independentes entre si; logo, esta conclusão não se aplica.

5. Coletar peças injetadas consecutivamente e agrupá-las por cavidade do molde. Assim, R irá refletir a variação dentro da cavidade, ou seja, entre peças de uma mesma cavidade, enquanto que x-barra irá revelar a variação entre cavidades.

(a)

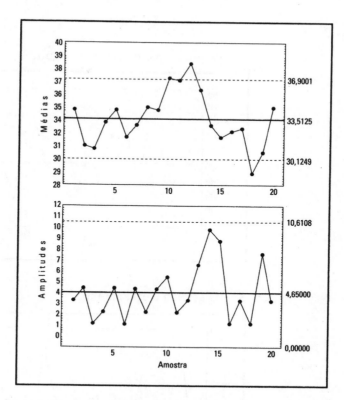

(b)

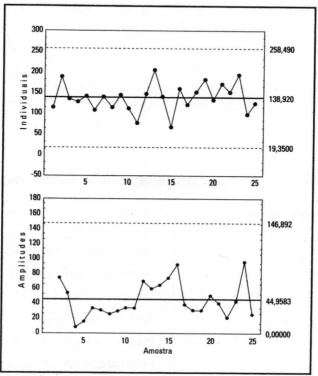

Capítulo 7

1. O gráfico p é mostrado a seguir.

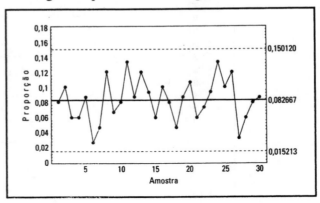

3. O gráfico c está abaixo.

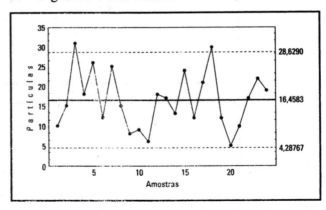

Capítulo 8

Gráfico	Causa Especial
1	Tendência geral ascendente e ponto acima LSC
2	Pontos se alternando para cima e para baixo
3	Ciclo
4	Falta de variabilidade
5	Pontos consecutivos próximos ao LIC
6	Ponto abaixo do LIC e tendência local

Capítulo 9

1. **a)** A função abaixo mostra que a autocorrelação é significativa.

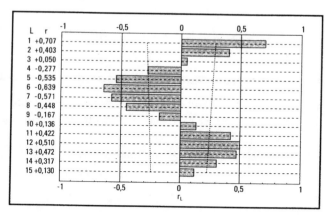

b) O gráfico encontra-se abaixo.

c) O processo é instável, já que o ponto 6 cai fora dos limites de controle.

Nota: Quando há correlação, somente vale o teste de ponto fora dos limites de controle.

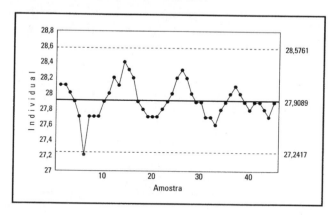

3. Processos que contêm tanques de armazenamento de produtos líquidos, onde estes permanecem durante algum tempo e ocorre renovação parcial, costumam apresentar autocorrelação.

Capítulo 10

1. Não. Tanto o papel de probabilidade normal como o teste de Anderson-Darling evidenciam que a distribuição dos dados não é normal.
3. $C_p = 0,836$ e $C_{pk} = 0,744$

Capítulo 11

1. O histograma encontra-se abaixo. Ele foi feito com oito classes, mas poderia ter sido empregado outra quantidade de classes.
3. Abaixo, o diagrama de Pareto.

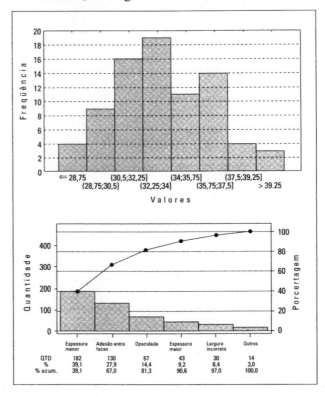

GRÁFICA PAYM
Tel. [11] 4392-3344
paym@graficapaym.com.br